味遊香港

嚴選
101
心水食店

Stephen Leung 著

萬里機構

自序

香港，一座融合中西文化、新舊交融的城市，她的魅力不僅體現在迷人的天際線和繁華的街道，更蘊藏在街頭巷尾、令人垂涎三尺的美味佳餚中。從星光熠熠的米芝蓮餐廳，到人聲鼎沸的路邊小吃攤，香港的美食文化如同百變的萬花筒，總能給人帶來驚喜。

過去五年，我一直用心拍攝記錄自己在香港的飲食體驗。每一次按下快門，都像是在用味蕾和鏡頭，描繪一張專屬於我的香港美食地圖，將它記錄在我 YouTube 頻道「吃喝玩樂」中，跟所有喜歡美食的朋友分享。在這段旅程中，我對這片從小長大的土地，產生了更深層次的體會。原來，小小的香港，竟蘊藏着如此豐富燦爛的飲食文化和歷史故事。

當 2023 年年底出版社聯繫我，邀請我編寫這本香港美食指南時，真的既驚喜又忐忑。老實說，要在短短半年內挑選出 101 間心愛的餐廳，還要以文字和照片完整呈現，對我來說幾乎是不可能的任務。但我深知，這是一個千載難逢的機會，能將我對香港美食的熱愛，透過文字和照片，分享給更多人。

於是，我毅然接受這個挑戰。在接下來的日子裏，我像個勤奮的美食探險家，穿梭於香港大街小巷，重溫那些曾經打動心坎的味道。我依然記得，那間隱藏在老街深處的茶餐廳，飄散着奶茶香氣和新鮮出爐菠蘿包的甜蜜；也忘不了那家傳承三代的雲吞麵店，用料講究，湯頭鮮美，每一口都是歲月的味道。這半年時間，我需要校對資料、撰寫文字、拍攝照片，每一個步驟都傾注了滿滿的心血，希望能將這些美好的滋味和故事，原汁原味地傳遞給每一位讀者。

本書中提及的每一家餐廳和小店，都是我發自內心推薦的，不摻雜任何商業利益。我很感激出版社對我的信任，讓我自由選擇自己喜愛的食物和餐廳，毫無保留地分享第一身的美食體驗。我一直相信，美食不僅是味蕾的享受，更是文化的體現、情感的連結。每一道菜餚背後都蘊藏着食材的精挑細選、廚師的匠心獨運，以及一段段耐人尋味的故事，還有真摯動人的情懷。在挑選這 101 間餐廳的過程中，我秉持着嚴謹的標準，不只追求美味，更注重餐廳的獨特性、文化底蘊，以及能否帶給食客難忘的用餐體驗。

透過這本書，我希望帶領讀者品嘗的不只是食物本身，更包含背後的故事和文化。希望透過文字和照片，將這座城市的美味和魅力傳遞給更多人。期待這本書能成為你的嚮導，開啟一場專屬於你的香港美食地圖探險之旅！

Stephen Leung

目錄

懷舊老店 ★

蓮香樓..............................8
杭州酒家..........................10
蛇王芬飯店........................12
波士頓餐廳........................14
上海三六九飯店....................16
喜萬年酒樓........................18
生記飯店..........................20
鳳城酒家..........................22
醉瓊樓飯店........................24
太平館............................26
倫敦大酒樓........................28
新新酒樓..........................30
中央飯店..........................32
民豐粉麵行........................34

海鮮珍味 ★

翠林辣蟹坊........................38
旺角海鮮菜館......................40
流浮山成記海鮮酒家................42

優質中菜 ★

江蘇銘悅..........................46
農圃飯店..........................48
益新美食館........................50
霞飛飛............................52
福臨門............................54

鏞記酒家..........................56
富臨飯店..........................58
家全七福..........................60
富豪酒家..........................62
沙田 18..........................64

華麗演繹 ★

Mandarin Grill + Bar............68
Grissini.........................70
金葉庭...........................72
Caprice..........................74
Lucciola.........................76
The Chinnery.....................78
萬豪金殿.........................80
Fish Bar.........................82
今佐日本料理......................84
The Steak House..................86
唐閣.............................88
瑞樵閣...........................90
麗晶軒...........................92
龍苑中菜廳........................94
希戈餐廳.........................96

▶ 異國風情 ★

Grill..100
Argo..102
Bistro Breton..104
Bakehouse...106
Braza Churrascaria Brazilian Steakhouse..108
Qujinary..110
Mizunara : The Library.............................112
Gochi..114
TIVOLI...116

▶ 自助餐 ★

JW Café...120
Tiffin...122
Brasserie on the Eighth & Nicholini's.........124
The Market...126
Café East...128
Café Kool...130

▶ 街坊小店 ★

嚐囍煲仔小菜..134
正潮樓..136
京香餃..138
契爺鮮入圍煮...140
清真牛肉館..142
順興隆桂記荳品廠......................................144
潮味苑..146

糖水雄..................................148
滷鵝至尊..............................150
蘇山雞飯..............................152
澳門咖喱王新鮮腩..............154
合成糖水..............................156
添記法式三文治..................158
蔡記小食..............................160
每日......................................162

街頭美食 / 茶餐廳

祥興咖啡室..........................166
半島冰室..............................168
低調高手大街小食..............170
聖羅蘭餅屋..........................172
公利真料竹蔗水..................174
新桂香燒臘..........................176
呂仔記..................................178
漢發麵家..............................180
濃姐石磨腸粉......................181
榕哥陳皮燒鵝......................182
金泰沙冰..............................184
金園茶餐廳..........................186
新香滾（堅記）..................188
澳洲牛奶公司......................190
樂園......................................192
嘉多娜餅屋..........................194
朗益燒味工房......................196

很得輝..................................198
林記點心..............................200
劉興記..................................202

粥粉飯麵

王林記..................................206
華姐清湯腩..........................208
沾仔記..................................210
麥奀記..................................212
麥文記麵家..........................214
夏銘記麵家..........................216
新興棧食家..........................218
劉森記麵家..........................220
妹記生滾粥品......................222

懷舊老店

滿載歷史與回憶的老派餐廳，
用味蕾穿梭至昔日傳統佳餚情懷。

懷舊老店

蓮香樓

捲土重來的一代傳奇茶室

📍 中環威靈頓街 160-164 號
🕐 06:30~15:30、18:00~22:30
📞 21160670 / 34915855
💰 $100-$200

中環一直是美食天堂，但競爭也極其激烈，要在中環立足，除非是米蓮星級餐廳或是歷史悠久老店。中環的蓮香樓是富有傳奇色彩的老店室，已有過百年歷史。跟其他著名茶室或餐廳一樣，它也有一段耐人味的歷史。蓮香樓經歷幾次易手，由創辦人決定結束營業，再由老員接手，直到 2024 年再由新財團接手。

之前的蓮香樓曾因食物質素及環境問題為人詬病，所以它在 2024 年重新開後，我以第一個本地自媒體去實地採訪重開後的面貌。重開的蓮香樓保留心車，我覺得最特別是它保留了傳統茶室的運作方式，例如飲茶會用茶盅有茶博士代為沖茶，這些舊式飲茶文化現在已成為香港的打卡潮流與熱點心需要自己出去取，點心姐姐會親切地介紹點心，你也可以直接看到點心觀，喜歡哪碟隨便拿。

室也全數保留所有點心，特別是懷舊點心。價
方面，從 $25 到 $50 不等，以中環的價格來
還算合理，畢竟中環租金昂貴，以舊式茶居來
，要達到收支平衡確實不容易。

===

到蓮香樓，當然要試試**蓮蓉包**。蓮蓉細膩而不
膩，分開包子後蓮蓉香氣撲鼻而來。要知道現
香港做蓮蓉包的酒家已經寥寥無幾，所以蓮香
算是保住了招牌，做出了上乘的味道。

===

蓮蓉包

外，牛肉、鵪鶉蛋燒賣這些懷舊點心也一定能
這裏找到。我特別喜歡他們的**蒸飯**，這次點了
魚肉餅飯。即使是大量製作，肉餅依然相當不
，還能保留肉汁，肉質富有彈性，脂肪及豬肉
例剛好，加上鹹魚的鹹香撲鼻，我十分喜歡。

===

鹹魚肉餅飯

而這次最大驚喜的是**馬拉糕**，質地非常鬆軟且
彈性，入口不黏牙，分量也夠大，甜味溫和，
者應該會喜歡。

馬拉糕

@Stephen_leung

蓮香樓作為香港百年老茶居，重新開幕
後，點心質素不錯，環境衛生也改善了
不少。此外，蓮香樓一樓開設了新式茶飲
店。雖然我不是茶飲的愛好者，但也買了
一杯支持一下，新口味非常特別。這也反
映出在這個商業社會中，固步自封難以維
持，變革才是永恆。希望這次的重開不會
曇花一現，能夠長久地保留這份傳統與現
代的交融。畢竟，蓮香樓的存在，象徵着
香港市民對傳統茶樓文化的珍視與尊重。

現場即沖茶飲

生煎鍋貼

懷舊老店

杭州酒家

以精湛手藝展現傳統杭州及上海之味

📍 灣仔莊士敦道 178 號 -188 號華懋莊士敦廣場 1 樓
🕐 11:45~14:30、17:45~22:30
📞 25911898
💳 $200-$400

位於繁忙的灣仔區，杭州酒家是專門提供杭州及浙江地區美食的餐廳，這家餐廳以傳統菜餚和現代化的餐飲環境，吸引一眾喜愛北方風味食客。

杭州酒家由一位上海大廚於上世紀五十年代創立，至今已是第二代承繼人掌舵。廚師團隊精湛地融合了傳統上海及北方料理的技藝，使每道菜都擁有濃郁的地域特色和獨特的家鄉味道。店家不僅因其優雅的江南風格裝潢和卓越的菜餚而聞名，更因著名食評家蔡瀾先生的親筆字畫掛於牆上，以及金庸先生對其菜餚的偏愛，而增添幾分傳奇色彩。

煎鍋貼外皮酥脆至極,內餡豐富多汁,每一口是對傳統味道的完美詮釋。上桌時仍然冒着熱,肉汁豐滿,食用時需小心燙口。

==

州熏魚以炸的方式精心製作,外脆內嫩,並配自製甜醬和米酒,經過長時間醃製,每一絲魚都充分吸收了調味料的精華,呈現出複雜而誘的風味層次。

杭州熏魚

==

鵝使用新鮮腐皮手工製成,層層疊加,口感滑,豆香濃郁。這道菜的調味兼具鹹甜,每一口感受到豉油的鮮美和深厚的傳統韻味。

素鵝

==

坡肉精選上等豬肉,以花雕酒和冰糖慢火燉,肉質軟糯透亮,入口即化。這道菜不僅是味的享受,更是一種文化的體驗。

==

酥鴨選用優質鴨肉,皮脆肉嫩,香氣撲鼻。搭芋蓉食用,口感層次豐富,是餐桌上的一大點。

東坡肉

==

緊臨走前吃個**高力豆沙**,全部新鮮製作,熱騰,相當鬆軟,加上紅豆的香甜,為整個杭州菜餐畫上完美句號。

高力豆沙

@Stephen_leung
杭州酒家不僅是一家餐廳,也是可以深入體驗杭州及上海傳統美食文化的地方。這裏的每一道菜都是對原料和烹飪工藝的嚴格要求的結果,確保食物的高穩定性和卓越品質。

蛇羹

懷舊老店

蛇王芬飯店

著名蛇肉菜式餐廳，燉湯也是不二之選

📍 中環閣麟街 30 號地舖
🕐 11:00~21:30
📞 35795954
💰 $200-$400

蛇王芬是一家非常著名的蛇羹店，以多款用蛇為主要食材的傳統菜式聞名，特別是其招牌蛇羹。該店已有多年歷史，深受本地人和遊客喜愛，被視為體驗傳統香港美食文化的絕佳地方。店名「蛇王」意味著蛇肉料理的高手，而「芬」則是創始人的名字。

蛇王芬最著名的就是**蛇羹**，一種濃郁的湯品，通常包含多種蛇肉，如水蛇和山蛇，並加入中藥材及其他調味料，烹調過程講究，味道獨特。除了蛇羹，店家也提供其他蛇肉料理，如蛇片、蛇肉煲等，每道菜都展示了蛇肉的多樣化烹飪方式。

對於美食愛好者來說，它的**燉湯**才是真正的星。價格 $100 起，蛇王芬的燉湯火候掌握得，每一口都滲透出材料的新鮮。湯底清澈甘，能感受到每一種食材的獨特風味和精華。這對材料的講究和烹調技術的精準，使蛇王芬的湯在香港的燉湯餐館中脫穎而出，成為筆者心中的佼佼者。

燉湯

===

了燉湯，蛇王芬的小菜同樣令人驚喜。特別是**橙排骨**，其品質之高、味道之濃郁令人難忘。骨選用上乘材料，搭配君度橙酒精心烹調，散出令人陶醉的芬芳。醬汁質地恰到好處，緊緊裹着每一塊排骨，肉質鮮嫩多汁，與香橙的清香氣相得益彰。儘管橙香可以再加強一些，整上這道菜已經足夠令人印象深刻。

香橙排骨

===

而，對於一家以蛇羹聞名的餐廳，其主打之一**米飯**在這次品嘗中略顯失色。希望將來再到，這些招牌菜式品質能有所提升，再次展現蛇芬的經典魅力。

糯米飯

@Stephen_leung
總括來說，蛇王芬不僅是專業烹調蛇羹的餐廳，它在燉湯和創意菜式方面的表現同樣值得探訪和品嘗。每道菜都體現了廚師對食材的尊重及烹飪的匠心，令該店成為不可多得的香港美食地標。希望蛇王芬能持續保持其高水平的烹飪質量，為更多食客帶來難忘的美食體驗。

懷舊老店

波士頓餐廳

以火焰牛柳俘虜食客心的經典懷舊西餐廳

📍 灣仔盧押道 3 號地舖
🕐 週一至六 08:00~23:00、週日及假期 11:00~23:00
📞 25277646
💳 $200-$400

波士頓餐廳是一家懷舊西餐廳，擁有悠久的歷史。在過去幾十年，灣仔區有三家以賣西式扒為主的「豉油西餐廳」，分別是帝寶、波士頓和京都。如今，只有波士頓仍然存在，成為唯一的代表。

餐廳的裝潢保持着懷舊風格，二樓用餐區保留
以前的格局，燈光略暗，綠色的卡座讓人感到
舒適。菜單上選擇很多，以各種扒類為主，價
格從 $68 至 $98 不等。你可以選擇豬肉、牛
肉、雞肉或大蝦等不同的海陸空組合。

這裏，服務效率一直都很高，侍應常有禮貌，迅速回應客人的需求。坐後，侍應會先奉上一個熱脆的鹹包，外表略脆，塗上牛油，非常吃。

==============================

廳的招牌菜之一是**火焰牛柳**，這是道非常具表演性的菜餚。侍應會將塊牛柳放在燒得紅紅的鐵板上，然點燃酒精，火焰熊熊地燃燒起來，人驚嘆不已。

==============================

了火焰牛柳，**龍蝦湯**也是另一道美菜餚。雖然龍蝦湯無法與一些高級廳相比，但味道還是不錯的，湯裏蝦肉粒，口感鮮美。

==============================

過，有一點要注意是牛扒刀的刀柄點濕濕的，似乎是洗完後未乾透。還是比較喜歡重身一點的不鏽鋼牛刀。

火焰牛柳

@Stephen_leung
整體而言，波士頓餐廳是值得一試的懷舊西餐廳，它保留了過去的風格和味道，讓人回味無窮。

雪菜毛豆、燻蹄及烤麩

懷舊老店

上海三六九飯店

以菜式對傳統老上海致敬

📍 灣仔柯布連道 30-32 號地舖
🕐 11:00~04:00
📞 25278611 / 25272343
💳 $200-$400
⚙️ 只收現金

上海三六九飯店以深厚的歷史底蘊和傳統上海菜的精緻味道，在地○食愛好者中享負盛名。香港開埠初期大量移民由內地湧港，多從事○商業活動，開食店就是其中一項，三六九的始創人也是由上海來○港，從上世紀六十年代開業，後來從盧押道的舊舖搬到現址，歷經○代交替。它不僅在料理上保持着高標準，其環境和服務也充滿了老○情懷。

入飯店，首先映入眼簾的是那些圓桌和卡座的派擺設，以及掛在牆上的毛筆手寫菜單。這些節不僅喚起了對過往香港餐館的回憶，也為這用餐體驗增添一份特別的情調。侍應多半年紀長，但待人親切，服務到位。

為一家專注提供上海菜的餐廳，三六九在食材擇和菜餚呈現上均極具匠心。單是**酸辣湯**就令印象深刻，湯底濃郁而不失平衡，酸辣適中，每一口都吃到豐富材料，包括木耳、豆腐和雞，都是滋味與溫暖的交融。

毛筆手寫菜單

六九的**小籠包**堪稱經典之作。小巧玲瓏的外觀，包裹着肉汁豐盈的豬肉餡，皮薄餡多而不破，每個小籠包都是對製包工藝的完美展現。

菜毛豆以獨特的口感和清新的味道脫穎而出，夏日的絕佳涼菜。**燻蹄**即是冷切豬手片，肉質實富彈性，豬皮的嚼勁令人回味無窮，配上蒜白醋，酸酸的味道提升了整體風味。**烤麩**柔軟來帶淡淡的烘焙香氣，是素食者的理想選擇。

酸辣湯

@Stephen_leung
上海三六九飯店不僅以美味上海菜聞名，更以濃厚的文化氛圍和親切的服務，成為香港飲食文化中一個重要標誌。菜式價格合理，使每位顧客能在不感負擔下，享受到正宗的上海風味。餐廳的每道菜都是對過去的致敬，對傳統的堅持，讓人在繁忙的都市生活中找到一份屬於老香港的寧靜與懷舊。如果你尋求味蕾的旅行和文化的探索，三六九是不可錯過的選擇。

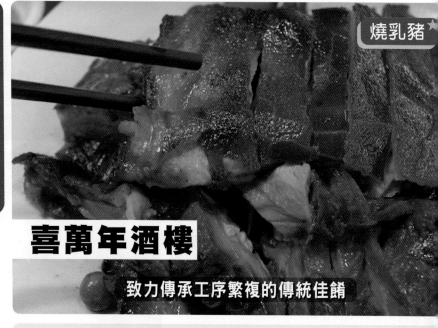

燒乳豬

懷舊老店

喜萬年酒樓

致力傳承工序繁複的傳統佳餚

📍 灣仔軒尼詩道 288 號英皇集團中心地庫
🕐 週一至五 11:00~15:30、18:00~23:00，週六日 10:00~15:30、18:00~23:0
📞 25282121
💰 $200-$400

在香港這個繁華的都市裏，有些餐廳不僅是味覺上的享受，更是一段
史和文化的回味，喜萬年酒樓就是其中的典範。自 1972 年開業以
喜萬年一直是香港人週末聚餐的熱門之選。記憶中的蓮蓉西米焗布
精緻點心，至今仍讓人懷念不已。隨着時代變遷，喜萬年由金鐘遷
仔英皇中心，繼續傳承傳統粵菜。

萬年的裝潢和氛圍保持了典型的舊酒樓風格，簡樸而不失格調。餐廳打懷舊粵菜，特別是客家菜系，每菜都展示了廚師對食材和烹飪手法堅持和尊重。

==================================

乳豬是餐廳標誌性菜式之一，現場製的乳豬皮酥肉嫩，每一口都是脆與多汁的完美結合，餘韻悠長。

==================================

子柚皮是工序繁複的傳統菜，從選到烹調都需要極高的專業技巧，是港酒樓中越來越少見的經典呈現。

==================================

魚腸是另一道令人懷念的老香港風。傳統焗魚腸反映了舊時香港社會飲食文化，將被視為下等食材的魚轉化為美味佳餚。喜萬年的焗魚腸理精細，無任何腥味，並且在焗製程中加入了陳皮、薑絲和芫荽等調，味道及層次豐富，外脆內嫩，魚的香氣與各種調料的香味交織，帶難以抗拒的美味。

蝦子柚皮

焗魚腸

@Stephen_leung
無論是尋找懷舊味道的長輩，還是想體驗傳統粵菜的年輕人，喜萬年都是值得一試的選擇。

鹽焗雞

生記飯店

連續多年獲得米芝蓮推介的家常菜餐廳

📍 灣仔駱克道 353 號三湘大廈 3 樓
🕐 11:30~15:00、18:00~23:00
📞 25752236 / 25752239 / 51110276（WhatsApp）
💳 $200-$400

位於灣仔繁華商業區，1976 年開業，以正宗廣東菜餚、親民價格和舊裝潢聞名，是尋找地道香港美食的絕佳選擇。

憑着傳統及紮實的基本功夫，直至 2024 年，生記飯店已是連續 11 年獲得米芝蓮推薦餐廳，這是對生記飯店長久以來刻苦經營的肯定。餐廳從舊舖搬到美的新舖，老闆表示這是為了為食客帶來更舒適的用餐體驗。

生記飯店的菜單豐富多樣，提供從海鮮到家常菜等各種粵菜經典。這裏的菜不僅地道，更帶有一種家的溫馨，讓人感受到無拘無束的用餐氛圍。餐廳的食客多是熟悉的老街坊，感覺就像在家一樣自在。

中不可錯過的招牌菜式包括鹽焗雞、蒸肉餅、藕餅、豬膶枸杞、梅子蒸蟹，個人比較喜歡**鹽焗雞**，選用三黃雞，皮脆肉嫩，而且三黃雞的雞皮比較薄，少了一份油膩感，鹹香味和雞油相得益彰，令鹽焗雞發揮到極致。

==

蒸肉餅是極富家鄉味的菜式，以精選豬肉配上馬蹄和頂級梅菜，梅菜的甜味跟豬肉的鹹香味非常調和，令肉餅散發出誘人的香氣和細膩的口感。

蒸肉餅

==

豬膶枸杞更能體現餐廳對食材的執着，每片豬膶像午餐肉般厚，而且入口爽滑，最重要是絕無一點腥味，配上枸杞，味道清甜，無論賣相還是味道都十分吸引。

豬膶枸杞

==

梅子蒸蟹是生記創辦人的獨門秘方，用上梅子配蒜蓉調製出來的味道，令平凡的肉蟹增添一份驚喜，味道絕非在外面可以吃到。梅子醬味道醒胃，配上肉蟹的鮮甜，令到一道普通的蒸海鮮提升到另一個層次。真佩服創辦人的大膽嘗試，使這道菜成為今日的招牌菜。

梅子蒸蟹

==

最後店家還會免費提供懷舊糕點**白糖糕**給客人，是亮點之一。

生煎蓮藕餅

白糖糕

炸子雞

懷舊老店

鳳城酒家

令人一試難忘的炸子雞

📍 （北角店）渣華道 62-68 號高發大廈地舖及 1 樓
🕐 09:00~15:00、18:00~22:00
📞 25784898
💰 $200-$400

自 1954 年開業以來，鳳城酒家因家族成員和股權問題而分拆成多名餐廳。而這次我要介紹的是北角店，是眾多分店中最悠久的一家。

北角的鳳城酒家被譽為香港最佳酒家之一，尤其是他們的炸子雞，更是令人難忘。記得第一次走進鳳城，那份由心而發的熱情款待和傳統的裝潢深深打動了我。

…到必試菜式，招牌**炸子雞**絕對是星級推薦。筆…當天點了半隻，賣相令人垂涎欲滴，金黃酥脆…雞皮在燈光下閃閃發光，看似邀請你細細品…。炸子雞的皮薄且酥脆，肉質鮮嫩多汁，每塊…肉都大小適中，師傅的刀工精湛，使雞肉既無…骨也保持完整口感。入口時，雞肉自然散發出…油香與其完美的烹調技術結合，創造了絕妙的…覺體驗。

懷舊菜式

==

…一道值得推薦的是**蝦多士**。有別於一般港式酒…使用蝦滑，鳳城酒家堅持使用整隻新鮮大蝦，…配輕薄的麵包，經過精準的油炸技術，使蝦多…外酥內嫩，蝦肉的鮮甜與麵包的酥脆形成完美…比，絕對是不容錯過的美味。

炸子雞

==

…外，**蟹肉扒豆苗**也是必嚐佳餚。鳳城選用新鮮…塊蟹肉，而非市面上常見的蟹柳，搭配爽口…豆苗，每一口都能嚐到蟹肉的鮮甜和豆苗的…新。

蝦多士

蟹肉扒豆苗

@Stephen_leung
鳳城酒家一直是香港餐飲業的經典標誌。由於當年沒有商標註冊的概念，這導致出現多間鳳城酒家，每家都有自己特色。不過要品嘗最老舊之味，還是最推薦到北角店。

鹽焗雞 ★

懷舊老店

醉瓊樓飯店

功力紮實的傳統客家菜

📍 （九龍店）佐敦西貢街 7 號地舖
🕐 11:00~23:00
📞 23842423
💰 $100-$200

在佐敦的繁華地帶，隱藏着一家帶有濃厚歷史感的餐館 —— 醉瓊樓。這家餐廳的特色不僅在於悠久的歷史，更在於其精湛的客家菜。作為香港多家同名餐廳的始祖，醉瓊樓自開業以來，始終堅持提供正宗的客家美食，將傳統味道完美地呈現給每一位顧客。

進入醉瓊樓，首先映入眼簾的是保留了數十年的懷舊裝潢。木製家具和復古擺設讓人猶如時光倒流，回到了舊香港的某個角落。這種環境不僅提供了舒適的用餐體驗，更增添幾分品嘗傳統美食的情調。

到菜餚，醉瓊樓提供多款客家傳統餚，其中最受歡迎的包括鹽焗雞、椒白果豬肚湯、琵琶豆腐以及梅菜肉，不僅味道地道，更蘊含着厚重文化底蘊。例如**鹽焗雞**選用優質雞，經過傳統的鹽焗工藝精心製作，肉質地細嫩而富有彈性，每一口都發着雞肉的原始鮮美和淡淡鹽香。

==============================

椒豬肚湯是一道暖心的湯品，以豬、白果和腐竹搭配，湯頭鮮美且胡味恰到好處，不僅能夠驅寒暖胃，帶來一絲絲舒適感。

==============================

菜扣肉是另一道大受歡迎的菜式，用頂級梅菜與五花肉經長時間燉，肉質軟嫩入味，梅菜的鹹甜恰到處，與肥而不膩的肉質完美融合。

梅菜扣肉

==============================

外，**琵琶豆腐**也是不容錯過。這道結合了炸豆腐的酥脆與魚肉的鮮，搭配精心調製的芡汁，味道豐，展現了客家菜的獨特魅力。

琵琶豆腐

@Stephen_leung
整體上我覺得醉瓊樓的菜式做功紮實，廚師亦盡量保留原有味道。有機會必定要試試灣仔另一間醉瓊樓。而且這類型餐廳除了可以品嘗美食，也可以懷緬一下香港昔日情懷。

瑞士汁牛河 ★

太平館

滿載無數人回憶的港式西餐廳

📍（尖沙咀店）尖沙咀加連威老道 40 號地舖
🕐 11:00~22:00
📞 27213559
💵 $100-$200

太平館，這個響亮的名字在香港飲食史上擁有不可撼動的地位。它不單是一間餐廳，更是時代的象徵，一個記憶的容器，承載着無數人心中的懷舊情懷。每當提起太平館，朋友們總會感慨地回想童年時家人的陪伴與美食的體驗，而我亦然。那份從小到大的記憶，如同一道道菜式，綿延在時間的長河中。

家悠久的西餐廳,自 1860 年在廣州誕生,經
戰火與時代變遷,依然堅守着對美食的熱愛與
求。太平館的餐點,尤其是經典菜如瑞士汁牛
、瑞士汁雞翼和白焓牛脷,每一道都是對傳統
譜的致敬。這些菜式背後的故事同樣迷人,尤
是瑞士汁──這個因一位外國顧客的誤解而誕
的名字,如今已成為太平館的招牌之一。獨特
醬汁配方,帶有微妙甜味,那深色的魅力讓你
旦品嘗,便再難忘懷。

白焓牛脷

==

士汁牛河的外表樸實無華,但那迷人的香甜味
足以讓人細細品嘗。河粉細滑,牛肉鮮美,搭
瑞士汁的完美調和,創造出獨特的中西合璧
感。

紅燒乳鴿

==

焓牛脷以簡單的製作方法和厚實的牛舌片,展
出牛肉的原始風味,每一口都是對純粹滋味的
頌。

==

外不得不提紅燒乳鴿。這道菜的精髓在於它的
方位呈現,從嫩滑的肉質到濃郁的瑞士汁,再
精心烹煮的內臟,每一口都是對傳統美味的深
回味。

@Stephen_leung
太平館的午餐非常實惠,只需百多元便可
享受。四間分店各有特色,油麻地店最具
歷史韻味,尖沙咀店更寬敞,中環店經常
高朋滿座,更是附近白領人士午飯的聚腳
點,銅鑼灣店則是我最喜歡的,也是我經
常光顧的一間,對這裏特別有感情。

懷舊老店

倫敦大酒樓

位處旺區，少數仍保留龍鳳大禮堂的酒樓

📍 旺角彌敦道 612 號好望角大廈地舖
🕐 07:00~23:00
📞 27718018 / 27716111
💰 $100-$200

位於熱鬧的旺角區，倫敦大酒樓以寬敞的空間和豐富的飲茶文化著稱
這家酒樓不僅是本地人慶祝重要節日的首選地點，也因經常出現在電
採訪中而廣為人知。倫敦大酒樓的三層樓結構和傳統裝潢，提供了一
典型的飲茶體驗。

倫敦大酒樓的每一層都充滿傳統香港飲食文化
氣息。龍鳳大禮堂的設計不僅迎合大型宴會的
需求，更為各類社交活動提供了一個華麗的舞
台。這種設計不僅符合功能性，同時也增強了
場所的文化韻味，使它成為婚宴和生日派對的
熱門場所。

敦大酒樓的點心選擇豐富，並保持
傳統使用推車叫賣點心方式，食客
以直接在推車上選擇喜愛的點心。
樓的開放式廚房設計可以目睹點心
製作過程，增添了用餐的互動樂趣。

============================

手分量大，經過精心醃製，醬汁深
肉質，配上香蒜調味，口感豐富，
道濃郁。

============================

賣王精選優質豬肉和肥肉，比例恰
好處，蝦肉提升了整體的鮮味和口
，是倫敦大酒樓另一大賣點。

豬手

============================

倫敦大酒樓，享受點心不僅僅是味
的享受，更是一種文化和社交的體
。特別是酒樓可供搭枱，這種傳統
香港飲茶文化讓不同背景的顧客坐
一起，共享美食，也許能在此結交
朋友。

燒賣王

@Stephen_leung

倫敦大酒樓不僅是旺角的飲食
地標，更是承載着傳統香港飲
茶文化的重要場所。這裏的每
份點心都是對這個城市飲食文
化的致敬。無論是尋求傳統美
食的食客，還是想體驗本土飲
茶風味，倫敦酒樓都必定要到
訪一次。

懷舊老店

炸蝦多士

新新酒樓

以堅毅和用心體現香港人的不撓精神

📍 佐敦彌敦道 219 號莊士倫敦廣場 11 樓
🕐 08:00~22:00
📞 27356722
💵 $100-$200

新新酒樓擁有 60 多年歷史，是香港飲食業的一個活歷史。從早期的樂酒家到如今的新新酒樓，不僅見證了香港多次經濟起伏，包括 19XX 年金融風暴和 2003 年的沙士，還成功地在疫情後找到新地點，實現山再起。

新新酒樓的裝潢帶有懷舊風格，牆上掛滿五六十年代香港著名明星的照片，每一幅都訴說着一段過去的故事。這些照片不僅裝飾了餐廳，還讓顧客在品嘗美食的同時，感受到一種時空交錯的體驗。

新酒樓的**炸蝦多士**是必試的招牌。製作非常講究，在每片多士上鋪一整隻大蝦和蝦滑，然後精準地控油溫和時間將其炸至金黃酥脆。不考驗廚師的技藝，也確保每一口的美口感。蝦多士外面酥脆，蝦肉彈鮮美，與厚厚的多士結合後層次分，味道豐富，且一點也不油膩。

===================================

一道招牌菜**馬拉糕**，以其蓬鬆的質和適中的甜度著稱。大小如同一磅的蛋糕，特別是氣孔特多，口感上外輕盈，不會感覺滯胃。只用少量，使每一口都甜而不膩，特別適合配一杯茶。

馬拉糕

燒鵝瀨粉

===================================

於大部分食客年紀偏大，新新酒樓年在食材處理上做了調整，減少了和糖。這種對顧客的關懷，不僅展了店家的貼心，也是它能長久經營重要原因之一。

@Stephen_leung
新新酒樓用心經營的每一個細節，無疑都在告訴我們，即使面對無數挑戰，憑着對食物的熱愛和質量的堅持，經典可以永存。這不僅是對美食的一種追求，更是對香港這個地方精神的彰顯。

懷舊老店

中央飯店

充滿懷舊人情味老飯店

📍 深水埗大埔道 140 號東廬大廈地舖
🕐 06:00~15:30、18:00~22:00
📞 27776888
💳 $50-$100

小時候常聽長輩說：「外出吃飯不單吃食物，還要吃人情。」老實說
小時候對這句說話沒有甚麼感覺。不過長大後，就會發現原來有深
意，就是人與人之間的感情。香港變幻莫測，人和事轉變急速，要在
中心找一個有老香港味道的飲茶好地方的確不容易。而位於深水埗
央飯店，正是值得珍惜的地方。

擁有 63 年歷史的中央飯店，可說是深水埗區平民食肆代表。它仍然保留傳
推點心車，早午市時穿梭於茶客之間，點心姐姐的叫賣聲此起彼落。食客
數是老街坊，老闆更是很多食客的老朋友，總之進入店內就好像見到一個
庭，茶客之間都會打招呼，氣氛非常融洽。

央飯店的裝修充滿懷舊風情，是一個活生生的
光隧道。踏入飯店，讓人感受到濃厚的歷史氣
。牆上掛滿用毛筆字寫的餐牌，簡單樸素但充
藝術感，價錢更是親民得嚇人。燈光柔和，營
出溫馨的用餐環境，無論是天花板上的吊燈，
是牆上的舊照片，都提醒你正置身於老香港的
樓裏。

豬骨菜乾粥

==

得第一次去中央飯店，推點心車的姐姐親切地
招呼，也問我們想要甚麼點心。其實在香港還
以聽到點心姐姐的叫賣聲，確實非常難得。員
的熱情招待，更令我一時間不知道如何反應，
哈！

看他們的下午茶，所有點心一律 $16，這個價
跟其他酒樓相比，確實便宜很多。食物質素非
出色，例如用大電飯煲煮的**豬骨菜乾粥**，懷舊
心有**鵪鶉蛋燒賣**、**芝麻卷**、**腸粉**、**鴨腳紮**、**蓮**
西米焗布甸等等，都是我的首選。

鴨腳紮

==

於年長的朋友，中央飯店有兩款點心你們一定
歡，包括**燒腩卷**和**魚肚燒賣**。燒腩卷用大大
腩肉和芋頭，入口飽滿實在；魚肚燒賣工序繁
，但價錢親民，這些點心在一般酒樓比較少見。

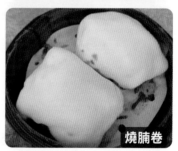

燒腩卷

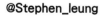

@Stephen_leung
中央飯店走的是平民路線，難跟頂流食肆
相提並論，但勝在種類多，餐廳亦特別照
顧長者，堅持製作多款懷舊點心給老人家
享用。最重要的是那份人情味。簡單的一
盅兩件，已經可以見到老人家無比的歡
喜。中央飯店確實是充滿人情味的地方，
值得我們好好珍惜。

蓮蓉西米焗布甸

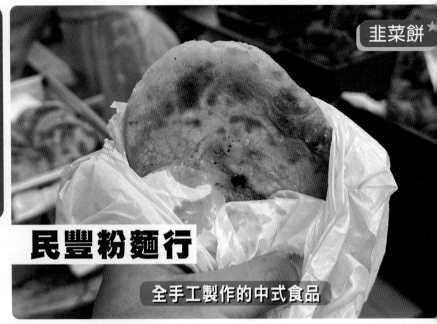

韮菜餅

懷舊老店

民豐粉麵行

全手工製作的中式食品

📍 荃灣街市街 35 號地舖
🕐 08:30~22:00
📞 24926860
💰 $50 以下

創立於 1953 年的民豐粉麵行歷史悠久，以獨特的麵條、水餃和湯□聞名。它不僅是荃灣地標之一，更是許多香港人的美食勝地。每逢□及下午四五點，門口便開始大排長龍，可見這家店的受歡迎程度。

這間舊式麵粉廠提供的各種麵條、水餃和雲吞款式多樣，吸引大量捧場客，筆者也會經常買他們的雲吞回家煮。

如果你打算即場品嘗，我會推薦幾樣小食。首先，一走到門口就可以聞到**香菜餅**的香味。這裏的所有食品都是現場製作，很多阿姨在一個小小的廚房內地製作各種小食。每次經過看到有剛剛煎好的韮菜餅，我必定買一兩個來吃，一口咬下去，皮厚肉汁多，口感頗為煙韌，韮菜的味道也被肉味稍微中和，不□

味道太重。餡料分量剛剛好，是平民小食的絕選擇。

====================================

家以為這間老店只以傳統小食聞名，那就錯，他們最近推出了**開心果糯米糍**，做法揉合了統技術及創新意。這個開心果糯米糍可說是一爆紅，主要原因是他們製作湯圓的技術非常高，使糯米糍的外層既煙韌又有口感。而且設有款口味，芝麻、花生、紅豆、榛子，而最好賣就是開心果。糯米糍內的開心果餡料分量充，口感豐富，而他們能想到用創新的材料結合統中式食品，這點是我最欣賞的。

韭菜餅

====================================

外，這裏還會因應時節推出自家製的其他食。例如端午節期間會推出裹蒸糭，採用上等糯和豐富餡料，口感紮實，味道濃郁。每逢農曆年，他們還會製作賀年食品，如年糕、發糕，這些都是家庭聚會和拜年的必備佳品。

====================================

開心果糯米糍

於荃灣街坊來説，民豐粉麵行是不可或缺的一分。無論是想找回童年的味道，還是探索新的食創意，這裏都不會讓人失望。有機會一定要來試試，感受一下這家老店的獨特魅力。

多款應節食品

@Stephen_leung
給大家一個小貼士，糯米糍於中午 12:00 開賣，記得早些過來排隊，一般要等 30 分鐘以上。他們製作的小食和糯米糍都是即日新鮮製作，我建議大家最好當日食用，如果留待翌日或放進雪櫃，味道一定稍遜。

海鮮珍味

無論是著名海鮮街，還是繁華市區，
都能品嘗到最鮮海產。

避風塘大肉蟹

海鮮珍味

翠林辣蟹坊

海鮮以外小炒也值得推薦

📍 尖沙咀亞士厘道 24-38 號天星大廈 1 樓 A 號舖
🕐 11:00~23:30
📞 26289888
💰 $200-$400

在香港這個繁忙的都市角落，尖沙咀的翠林辣蟹坊以隱蔽的地理位置，和非凡的美食吸引來自四面八方的食客。位於一棟商業大廈內一樓，雖然不起眼，但每當夜幕降臨，這裏便熱鬧非凡，是海鮮愛好者的聚集地。

林辣蟹坊最著名的招牌菜是**避風塘肉蟹**。肉蟹選自越南的上等品種，每隻重達三四斤，具有令人驚嘆的體型和豐腴的肉質。肉質鮮甜，彈性十足。翠林的大肉蟹以避風塘方式烹調，使用大量蒜蓉和適量辣椒，炒至表層微酥，內裏保持肉質的鮮嫩。加上香脆的炸蒜，每一口都是味蕾的盛宴，令人難以抗拒。

濃湯花膠雞鍋

此外，翠林的**濃湯花膠雞鍋**也是必試佳餚。雞湯經過長時間熬煮，質地濃郁，配上厚切花膠，每一口都讓人感受到料理的精緻與深度。花膠膠質豐富，與濃湯完美融合，為這道經典湯品增添了幾分滋味與奢華。

食神炒飯

翠林的廚師團隊在疫情後不僅保持對傳統炒蟹的堅持，更創新地推出多款新口味菜式，滿足食客對新鮮感的追求。除了肉蟹，翠林的黃酒煮雞和各種地道中式小炒也值得一試。每道菜都體現了廚師對食材新鮮度和烹飪技藝的高要求，確保每位顧客能在這裏享受到最地道的香港味道。

蒸筍殼魚

@Stephen_leung

多給大家一個貼士，翠林辣蟹坊的**炒飯**亦做得相當不俗，鑊氣足，米飯炒得粒粒分明，賣相相當吸引，打卡一流。

黑胡椒炒蟹

海鮮珍味

旺角海鮮菜館

少數隱於鬧市的海鮮專門店

📍 旺角洗衣街 153 號地舖
🕐 17:00~00:00
📞 23952883 / 93816778 (WhatsApp)
💴 $200-$400

說到香港美食，海鮮必定榜上有名。大部分人提到吃海鮮，必定會想起西貢、流浮山、布袋澳這些沿岸地區。然而，這次我要帶大家探訪的是這片繁忙鬧市中的隱藏美食寶地，品嘗新鮮海鮮。

小店隱藏在旺角東火車站附近，第一次去用餐，感覺就像普通的街坊酒樓。然而，打開菜單，你會發現各種各樣的海鮮套餐，餐廳裏還有一個迷你的海鮮缸，裏面飼養着每日新鮮運來的各種海鮮。

==

抱着嘗試的心態品嘗了一下，結果讓人驚喜不已，有幾道菜特別出色。首先是**蒜蓉粉絲蒸扇貝**，火候掌握得剛剛好，扇貝肉質非常鮮嫩，不會過韌。蒜蓉香氣和粉絲的柔滑口感完美結合，讓人一試難忘。

一道是**清蒸虎杉斑**，其獨特之處在於醬油和葱的搭配。他們會放大量的葱在魚上面，所以吃來有一股清新的感覺，而且蒸魚的醬油是自家製，能夠帶出魚的鮮味。

==

有一個招牌菜是**粉絲龍蝦煲**，龍蝦的鮮甜和粉的吸味特性相得益彰，每一口都充滿海鮮的鮮味道。

==

最喜歡是**黑胡椒炒蟹**，使用一至兩斤重的肉，經過黑胡椒及其他調味料爆炒，味道調和得常好，廚師的功力深厚，能讓蟹的每一個部分沾上黑胡椒香味，同時保持蟹肉的鮮甜，味道當平衡，甜中帶微辣，絕對令人驚喜。

==

裏可以說是少數在鬧市中專營海鮮的小型酒，走過路過很容易會錯過，但卻是鬧市中的隱高手。沒有豪華的裝潢和浮誇的宣傳，只是憑新鮮的食材和精湛的烹飪技藝，吸引不少忠實客。後來和老闆聊天，得知他們的主廚曾在高酒樓工作，經驗豐富，所以自然有一定水準。家暫時只想保持小型形式經營，原因是老闆希能夠保持質量，一旦擴充，質量可能無法保證。

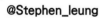

@Stephen_leung
餐廳雖然規模不大，但每道菜都充滿心意和匠心，是值得專程前往品嘗的地方。不論是家庭聚餐還是朋友聚會，都是能夠享受新鮮美味海鮮的好去處。下次如果在鬧市中想找個安靜的地方享用海鮮，不妨來這裏一試，相信會有意想不到的驚喜和滿足。

蒜蓉粉絲蒸扇貝

清蒸虎杉斑

薑葱霸王雞

金蠔

海鮮珍味

流浮山成記海鮮酒家

在本地後花園品嘗海鮮盛宴

📍 流浮山球前街 3 號地舖
🕐 週一至二、週四至日 11:00~14:00、17:00~21:00
　　休週三
📞 64097650
💵 $200-$400

流浮山，香港這塊隱藏的寶地，不僅是本地人的後花園，也是海鮮愛好者的天堂。這個位於新界的獨特漁村，以生蠔養殖聞名，每逢週末更是熱鬧非凡，吸引一眾本地人與遊客前來尋味。

豉椒炒蟶

眾多海鮮餐廳中，流浮山成記海鮮酒家以低調存在，和對海鮮品質的堅持，成為了這裏的佼佼者。這裏沒有華麗裝潢，也不依靠浮誇的宣，一切美味來自於廚師對食材的精選與精湛藝。

==

別值得一提是他們的**豉椒炒蟶子**，有別於一般家的隨意炒製，成記的廚師將豉椒巧妙地搭配煎得金黃的米粉上，這個獨特的組合不僅讓豉的香味得以充分釋放，也讓米粉吸收豉椒的精。一邊品嘗鮮嫩的蟶子，一邊享受米粉與豉椒完美交融，令人回味無窮。

==

到流浮山，也要提提本地產的**金蠔**。金蠔是本養殖，新鮮程度自然不在話下。雖然體型不，但味道濃郁，質地結實，特別是經過簡單的煎後，再點綴少量蜜糖，自然的海水味與甜味合，簡直是饕餮大宴中的極品。

==

一道不容錯過的佳餚是醃製的**南非鮑魚**。這些魚經過一夜精心醃製，完美地吸收了獨家調配醬料，使原本已經鮮美的鮑魚更添幾分酸甜風，作為開胃菜，無疑是提升食慾的最佳選擇。

南非鮑魚

鹽焗奄仔蟹

@Stephen_leung

流浮山不僅是香港的海鮮店聚集地，更是充滿本土文化和自然景觀的地方。每次在這裏用餐，不僅是味蕾的滿足，更是深入了解香港漁村文化的體驗。無論是本地人還是遊客，流浮山都是值得一探的美食天堂。

優質中菜

在香港這個美食天堂，

隱藏着很多高質中菜店，

以最優質食材製作精緻手工菜，

每一道都是大廚的心血結晶。

小籠包

優質中菜

江蘇銘悅

驚喜不斷的隱世上海菜館

📍 上環干諾道中 130-136 號誠信大廈 2 樓
🕐 11:30~23:00
📞 62308973
💳 $200-$400

在香港這個美食匯聚的城市，經常會在不經意間發現一些隱藏的美食勝地，江蘇銘悅正是其中之一。這家位於上環一幢不起眼商業大廈二樓的餐廳，可能不為大眾所熟知，但它卻以地道的北方風味和江蘇美食吸引着那些尋味的食客。

自開業以來，短短兩年間，江蘇銘悅已經讓我兩次造訪，每次都為我帶來不同的驚喜。第一次是對小籠包的期待驅使我前往；第二次則是被其 Sunday Brunch 所吸引。這個看似不尋常的上海風味任食早午餐，極大地滿足了我的好奇心。

末的早午餐提供十多款上海點心和數款涼菜，括生煎包、鍋貼等小食。質量上乘，雖然未令難以忘懷，但絕對值得讚賞。然而，讓我念念忘並專程再踏足江蘇銘悅的，正是他們的**小籠**。這個小籠包，用一個字形容就是「絕」，它我回想起多年前在上海品嘗的正宗味道，那半明的外皮和肉汁豐盈的豬肉餡，每一口都是一味覺的爆發，豐富而又細膩。

鍋貼

==

籠包的製作過程是一門藝術，這裏的師傅明顯擁有豐富經驗的上海點心大師，其細緻入微的工和對時間掌控的精準度，在香港可謂少有。一籠小籠包都是現點現蒸，完全沒有批量生產感覺，保留了小籠包最應有的新鮮與美味。

葱油餅

飯後甜點

@Stephen_leung

江蘇銘悅的小籠包不僅在味道上勝過一些大牌連鎖店，更在質感和真實性上遙遙領先。其他菜式雖然質素同樣穩定出色，但小籠包的星光實在太過耀眼，使其他菜餚有點相形見絀。整體來說是一間質素不錯的上海菜食肆。

優質中菜

農圃飯店

工序繁複的高質粵菜

📍 銅鑼灣新寧道 8 號中國太平大廈一期 1 樓
🕐 11:00~15:00、18:00~22:30
📞 28811331
💵 $400-$800

香港是個美食天堂，隱藏着無數值得發掘的餐廳。即使我已經探索了千間餐廳，仍然還有許多未嚐過的美食。有次我在銅鑼灣利園附近了農圃飯店。這家餐廳經營了數十年，但一直保持低調，很少進行推

經理解釋說，餐廳以前主要服務附近的商務客戶，因此不需要大肆宣傳。然這裏的美食質量令我驚嘆不已。正是因為沒有預期，反而更容易被驚喜所打這家餐廳主打傳統粵菜，我當晚品嘗了四道菜，每一道都讓我印象深刻，也近期比較喜歡的粵菜酒家。

首先是**釀雞翼**。這道菜看似簡單，但製作過程相當繁複。首先將雞翼去骨，釀入糯米飯。糯米飯加入了蝦米、花生和少量乾瑤柱。整個製作過程講求手

分耗時。雞皮薄且脆，裏面的糯米煙韌，口感特，香味濃郁。雞翼可以分成兩半，適合兩人享。

==

二道菜是**蓮藕餅**。一般蓮藕餅會將蓮藕和豬肉碎，但這道蓮藕餅的製作方法更像夾心餅乾，兩塊蓮藕夾着中間的豬肉。感覺不像傳統中式，反而有些融合菜的味道。蓮藕稍微炸過，口爽脆，味道非常出色。

==

釀雞翼

三道是**蝦籽柚皮**。這道菜的製作也相當複雜，要是去除柚皮的澀味。先用上湯浸煮柚皮，然放入砂鍋中炆煮。這道菜的獨特之處在於其入程度。加入蝦籽，令味道更濃郁。另外還有冬和麵筋，味道豐富，柚皮的腍滑程度已經去到口即溶狀態，令人驚艷。

==

蓮藕餅

後是**豉油雞**。這道菜用鍋仔上桌，豉油浸泡半雞，雞肉完全染上啡色，味道複雜，含花椒和葉香氣。豉油雞還包括雞雜如雞肝和雞心，做少見，雞雜的味道也非常入味，整體食物質素高。

蝦籽柚皮

@Stephen_leung
這家餐廳的小菜分量較大，基本上是其他酒樓的 1.5 倍，最適合三五好友一起享用。開一瓶紅酒，品嘗傳統高質粵菜，把酒談心，好友暢飲，很容易就能消磨整個晚上。值得一提的是，餐廳空間較小，用餐時也沒有被催趕，所以我建議最好提前訂座。

豉油雞

優質中菜

西檸煎雞

益新美食館

粵菜以外也主打懷舊菜式

📍 灣仔軒尼詩道 48-62 號上海實業大廈地舖及地庫
🕐 11:30~16:30、18:00~23:30
📞 28349963
💰 $200-$400

隱匿於灣仔的繁忙街道之間，益新美食館以多元化的點心和正宗的廣東美食吸引各路食客。走進這家歷史悠久的餐館，簡潔明亮的裝修與現代風格互相結合，卻巧妙地融入了六十餘年的老店氣息。牆上陳列的舊照片和歷史剪報，成為連接過去與現在的橋樑。

細研究一下菜單，會發現除了常見粵
，還有幾道懷舊特色佳餚：西檸煎
、香煎肉餅和蟹肉炒鮮奶等，雖然並
便宜，平均每道約 200 元，卻代表
廣東菜的經典之味。

======================================

晚的三道菜式無一不令人驚喜。**西檸
雞**是晚宴中的明星，分為兩部分上
，一盤是金黃酥脆的炸雞扒，另外還
一碗盛滿醇厚的檸檬醬汁。檸檬醬汁
新鮮果汁調製而成，分量慷慨，味道
新，能確保每塊雞扒都能充分沾滿。
雞外皮鮮脆，肉質鮮嫩多汁，搭配檸
汁的酸甜，完美中和了油膩感。

======================================

煎鹹魚肉餅展現了粵菜廚師的手藝。
薄酥脆，鹹香四溢的鹹魚與豬肉組合
恰到好處，每一口都是享受。這道菜
成功，在於火候的精準和傳統手法的
用，展現了食材本身的風味。

======================================

肉炒鮮奶是一道華麗的味覺篇章。蟹
的鮮甜與滑嫩的鮮奶完美結合，充滿
蟹肉的海洋鮮味，滿足感十足。

香煎鹹魚肉餅

蟹肉炒鮮奶

@Stephen_leung
在香港飲食界中，這樣手藝精
湛、分量充足且水準一致的菜
餚實屬罕見。益新美食館不僅
提供了舒適的用餐環境，更以
經典廣東菜餚展示了非凡廚藝。

優質中菜

小籠包 ★

霞飛飛

由傳統上海菜至點心也讓人驚喜連連

📍 中環皇后大道中 33 號萬邦行 2 樓 211 號舖

🕐 11:30~16:30、18:00~22:00

📞 25227611

💰 $200-$400

在繁忙的中環裏，隱藏着一家鮮為人知卻饒富韻味的餐館 —— 霞飛飛，前身是曾經風靡一時的霞飛會館，如今以新的名字和簡潔溫馨的格調迎接每位尋味者。

走進這家樓上餐廳，彷彿遠離了城市的喧囂，時間也隨之緩慢下來，為的就是讓人好好享受一頓用餐的悠閒。

我在霞飛飛的午市用餐體驗不僅一次，每一次都是一場美食的盛宴。這裏以上海菜系為主打，但其點心之精緻，也令人驚喜連連。

果叉燒酥是既大膽又成功的創新嘗
。這道點心將傳統的叉燒酥和清新的
果巧妙結合，塑造出全新風味。酥皮
層分明，一咬下去就能聽到令人滿足
脆聲，內裏的叉燒和蘋果餡料則在口
緩慢交融，甜中帶酸，香氣撲鼻，讓
不禁聯想到台灣的鳳梨酥，有着一樣
果香和豐富層次。

蘋果叉燒酥

================================

籠包這個經典的上海菜代表，在霞飛
的詮釋下，呈現出恰到好處的優雅。
薄如紙，餡料豐富多汁，小小的包裹
是口味和工藝的結晶。儘管它未能讓
驚呼神作，但絕對值得細細品嘗。

================================

製的**牛肉餡餅**是一道值得讚賞的佳
。外皮呈現微微的焦香，而全手工製
的內餡，將牛肉的醇厚和洋葱的甜美
妙融合，味覺上甚為滿足。

牛肉餡餅

@Stephen_leung

在這個城市裏，專注於傳統上
海菜的餐廳並不多見，霞飛飛
就像是傳統手藝的守護者，堅
持着品質與口味的不變。這份
堅持在廚師的老手藝中得以傳
承，雖然老一輩的師傅逐漸退
休，但這裏的廚藝仍舊保持高
水準。我期待在不久的將來，
再一次踏入霞飛飛，深入體驗
更多他們的經典上海菜，讓味
蕾再次航行於那些悠久的菜餚
故事中。

陳皮蒸肉餅

優質中菜

福臨門

真材實料出品細緻的傳奇名人飯堂

📍 灣仔莊士敦道 35-45 號利文樓地下 3 號舖
🕐 11:30~15:00、18:00~23:00
📞 28660663
💰 $600-$800

福臨門這個名字，對於熱愛美食的香港人，乃至全球華人社群，幾乎喻戶曉。它的名聲不僅因為常見於媒體報道的家族爭產和經營權之爭，或者是得到各界精英包括劉鑾雄先生的青睞。這些故事為福臨門增添不少傳奇色彩，但我要着重評價的，還是他們的出品。

作為香港的高端粵菜館，福臨門的價格自然位居高檔——小菜起步價格大約300 元。至於鮑魚、燕窩和魚翅等昂貴食材，更是不在一般人的日常消費範圍內。然而，在疫情期間一次機緣下，我造訪了這家位於灣仔的名人飯堂，發現晚竟只有我一枱客人，這份寂靜與廣大的三層空間形成鮮明對比，其中一層是專為富豪設計的包廂。儘管如此，我發現餐廳食物的精緻度，仍然無可挑剔

了尋找價格相宜卻質量出眾的菜式，我精心挑了幾樣家常美食，期待透過它們考察廚房的基功。當晚的**陳皮蒸肉餅**讓我久違地品嘗到真材料的經典廣東家常菜。肉餅質地細嫩中帶有適彈性，而陳皮碎屑在每一口都釋放出鮮明的柑香氣，讓人忍不住一口接一口。

==

蛋黃八寶鴨

一道**蛋黃八寶鴨**則是我為了一嘗複雜工序的廣菜而選擇的。這道菜以去骨的八寶鴨悉心蒸，內含蓮子、糯米、鹹蛋黃、花生、紅豆和薏等豐富配料。在當今的飲食界，這樣工序繁、成本高昂的菜式已經不多見。八寶鴨質感嫩，味道層次豐富，各種配料在口中和諧結合，使只是配菜，也經過細心的挑選和修剪，顯示臨門對每一道菜的用心。

==

花雕乳鴿

這樣一家頂級粵菜館，對每道菜都有高標準的待並不過分。我特別喜愛的**合桃露**和**杏仁露**，福臨門品嘗後更感驚艷。這些糖水的細膩度超了許多甜品專門店，口感幼滑細膩，香味濃。經理透露，所有糖水都是即點即做。

==

合桃露

與經理的閒談中得知，儘管福臨門經歷過種種雨，但在食材的選擇仍然保持着嚴謹的標準，樣的堅持使菜餚質量維持在高水平。

@Stephen_leung
雖然福臨門的價格對於一般市民來說可能不太親民；但若是慶祝特別日子，或者手頭稍寬裕時，它無疑值得置於你的試食名單之上。

燒鵝

優質中菜

鏞記酒家

以自家養殖鵝隻製成頂級燒鵝

📍 中環威靈頓街 32-40 號地舖
🕐 11:00~22:30
📞 25221624
💰 $400-$600

在香港這個美食之都，提起燒鵝，大家腦海中浮現的必然是「鏞記」這個名字。鏞記酒家是坐落於中環的老字號，不僅是香港的頂級食府，更是粵菜文化的重要象徵。它的金漆招牌曾引起滿城風雨，但這不足以掩蓋其菜式本身的魅力。從農場到餐桌，鏞記對供應鏈嚴格控制，確保了每一隻鵝的品質。

創辦於 1942 年的鏞記，是一個不朽的美食傳說。以自家飼養的肥美鵝隻，經多年精煉的烹飪手法，打造出燒鵝中極品。相對於其他燒鵝店，鏞記的燒鵝肥瘦適中，皮軟肉嫩，每一口都散發甘香，令人回味無窮。

============================

說到**燒鵝**，不僅其肉質令人讚揚，皮的口感更是一絕。鏞記燒鵝的皮不追求爽脆，而是入口即化的柔順。輕咬一口，那油脂的豐盈滋味在口中慢慢融化，接著再來一塊肉質飽滿的燒鵝，那股甘香風味瞬間充滿口腔，這正是鏞記燒鵝吸引食客的無窮魅力所在。

============================

鏞記還有很多值得一試的美食，比如**南非鮑魚燉湯**。這道湯品價格不便宜，但每一滴湯汁都是經過長時間燉煮而成的精華，每一口都是濃縮的美味。

============================

至於**中式牛柳**則是一道手工藝術品，牛肉的嫩滑與芡汁的完美結合，加上洋蔥的甜味，讓人不禁讚歎其匠心獨運。

@Stephen_leung

在鏞記酒家，你不僅品嘗了一頓佳餚，更是經歷了一段歷史。位於中環的老店本身已是有特色的地標，三層樓高的建築，中層保留着龍鳳大禮堂的古典風格，加上殷勤的服務，使整個用餐體驗相當不錯。

南非鮑魚燉湯

中式牛柳

蛋白炒鮮奶

豬膶燒賣

優質中菜

富臨飯店

在頂級粵菜食府來一趟味蕾盛宴

📍 銅鑼灣告士打道 255-257 號信和廣場 1 樓
🕐 11:30~14:30、18:00~23:00
📞 28698282
💳 $800 以上

阿一鮑魚，這個名字在美食愛好者心目中，有一個無可取代的地位。由這位國際知名大廚楊貫一先生（阿一）創辦的富臨飯店，以無與倫比的鮑魚之道，成為香港頂級粵菜食府的代名詞。從早年在香港開設屬於自己的餐廳，到在世界各地展示超凡的鮑魚製作，富臨飯店的每一步都充滿傳奇色彩。

蝦

裏的鮑魚選用最頂級的品種，經過精烹調，釋放出深海的精華。而那獨秘製的鮑汁更將味道提升到另一個次。

腸粉

======================================

外不得不提的就是他們的點心同樣出，所有點心用料上乘，而且絕不吝，每一口都會覺得非常滿足。特別一的是**豬膶燒賣**，大大塊的豬膶覆蓋着鮮爽彈的豬肉，非常「呃Like」。**蝦**也是我的至愛，晶瑩剔透，皮薄餡，蝦肉鮮甜。雖然價格有點偏高，但大時大節或者長輩生日時，都值得一。有機會大家也要過來品嘗一下其他心。

======================================

香港這個以高消費聞名的城市，富臨店的晚餐價目大家心裏有數。然而在別的日子，如喜慶節日，不妨來這裏嚐它的點心、小菜以及世界知名的鮑菜式和套餐；每一分錢的花費，都能化為一次難忘的用餐體驗。

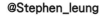

@Stephen_leung

走進富臨飯店，你會發現每一項細節都透露出店家對粵菜的尊重和堅持。從擺盤到口感，從服務到環境，一切都講求完美。每一口料理都是對味蕾的挑逗，每一次造訪都是對美食文化深入的探索。

叉燒

優質中菜

家全七福

由粵菜大師創辦的高質粵菜店

📍 灣仔駱克道 57-73 號粵海華美灣際酒店 3 樓
🕐 11:30~15:00、18:00~23:00
📞 28922888
💰 $400-$600

家全七福堪稱香港傳統粵菜的瑰寶，這家於 2013 年成立的餐飲集團由擁有逾半世紀經營經驗的粵菜大師徐維均先生創辦，他在家中排行七，俗稱「七哥」，從而有「家全七福」這個深具含義的名稱。徐先生曾是福臨門的主理人，在廚藝界的名聲無人不知，無人不曉。

家全七福在一眾粵菜食府中獨樹一幟，菜式不僅傳承了粵菜精髓，更經過廚師的創新與精心打磨。**招牌乳豬**和**叉燒**更是我的喜愛，個人會比較喜歡叉燒，用最頂級的梅頭肉，肥瘦均勻，肉質爽彈，而且最難得是叉燒有「燶邊」，品嘗肉香之餘亦可以感受輕微的焦脆感，搭配獨特秘製蜜汁，簡直是香港最出色的叉燒之一。

外也要一提他們的**燒雞**，絕對值得一試。採用小隻的雞種，肉質保持嫩滑，難得的是脂肪不太多，而且皮脆肉嫩，吃得出燒雞的細緻層次，令人一試傾心。

燒雞

===

於午市點心，我也非常推薦，他們致力保存傳統點心的手工及味道。特別一提的是**懷舊椰絲千層糕**，這是七八十年代甜點的代表，秉承傳統製作方式，鹹蛋黃及椰絲相間，鬆軟得來有蛋香味，甜度適中。此外，**芫荽牛肉球**也是必點，用新鮮牛肉，加入大量馬蹄及芫荽葱，味道層次常豐富，肉質嫩滑，每一口都充滿驚喜。

懷舊椰絲千層糕

芫荽牛肉球

@Stephen_leung
家全七福之所以珍貴，在於菜餚的一貫高水準，每道菜的火候與技巧都恰到好處，讓人感到心滿意足。然而，享受這等匠心獨運的料理自然需要相應的預算，每道菜價格在 400 元左右，可與城中其他頂級粵菜食府媲美。不過，對於那些尋求極致粵菜體驗的食客來說，家全七福無疑值得一試。

叉燒腸粉

富豪酒家

兩大鮑魚名店之一

📍 尖沙咀彌敦道 132 號美麗華廣場 1 期食四方 4 樓 402 號舖

🕐 11:00~23:30

📞 27362228

💰 $400-$600

提及鮑魚盛宴，筆者自然會想到香港兩大名店 —— 富臨飯店，以及⋯⋯酒家的阿翁鮑魚。在這個瞬息萬變的美食都市中，能夠堅持 24 年⋯⋯門提供頂級日本鮑魚的餐廳實屬鳳毛麟角。

不少食客可能會好奇，這樣的美食體驗是否昂貴得觸不可及？我記得疫情期間曾品嘗他們推出的午間特價餐—— 以 $398 便能享用 35 頭日本吉品鮑魚，這樣的價格在當時無疑是為大眾所能承擔的。

豪酒家的**鮑魚**，每一口都是精工細作的極致表，質地黏而不膩，彈性十足，糖心鮑魚更是層分明，鮮美滋味在口腔綿延開來。但令我印象深刻的，莫過於那獨家的鮑魚汁。這醬汁的深風味，源自用老母雞、優質腩排等優質食材長間熬煮而成，使鮑魚的鮮味昇華，這是其他酒難以匹敵的獨到之處。

鮑魚

===

香港這個美食天堂中，富豪酒家以精湛的廣東技藝，連續 14 年蟬聯米芝蓮一星的殊榮，證了它在美食界的不凡地位。在我的體驗中，餐的午市點心不僅美味非凡，更以卓越的性價艷了我這位挑剔的食客。

點心

===

有幸與掌舵人翁先生進行了交流。從對話中可感受到他對每一道出品的無比用心。事實上，先生每日親臨酒樓，親自監督，對食物的品質持着極高的標準。這份對美食的尊重與熱忱，人深感敬佩。

===

豪酒家的美譽不僅來自其穩定的食物質素，而還在於對傳統粵菜精髓的堅守。在這個快速變的時代中，他們未隨波逐流，還保持着經典的飪手法。這裏是香港少數仍聘用經驗老道師傅高級食府，每一位師傅都是這門手藝的守護者。

@Stephen_leung
富豪酒家不僅是品嘗傳統粵菜的絕佳之地，更是可以親證匠心精神的地方。每一次光臨，都是對傳統美食最誠摯的致敬。

片皮鴨★

優質中菜

沙田 18

片皮鴨的味蕾三種奏

📍 沙田澤祥街 18 號沙田凱悅酒店 4 樓

🕐 週一至五 11:30~15:00、17:30~22:30，
週六日 10:30~15:00、17:30~19:30、20:00~22:30

📞 37237932

💰 $200~$400

提及片皮鴨，沙田 18 的名字必定榜上有名。這家位於沙田凱悅酒店的餐廳，雖然地理位置略顯隱蔽，但那令人趨之若騖的名菜片皮鴨，足以讓食客不惜長途跋涉，只為一嚐那難以抗拒的美味。

田 18 對品質的追求不僅體現在食材
選擇上，更在專門訂製的烤爐中得到
淋盡致的展現，為的就是達至將片皮
烤至完美無瑕的狀態。

================================

皮鴨在沙田 18 是一場味蕾的三重
。首先，鴨皮脆薄如紙，切片後的肉
鮮嫩多汁，每一片都是對烹飪藝術的
歌。食客可以品嘗到由純瘦到半肥
，再到油脂豐厚的肉片，這三種不同
位的肉都帶來獨特的口感和風味。

================================

接着，將剩下的鴨肉製成**生菜包**，這
片皮鴨的第二種享受方式，將鴨肉的
味與生菜的清脆完美結合。最後的高
則是用鴨骨煲成的湯，一口**鴨肉湯**，
味醇厚，讓整頓飯畫上完美的句點。

================================

田 18 的片皮鴨在鬆化的外皮下，隱
着廚師們無數次試驗和調整的成果。
皮的酥脆與肉質的細緻，每一口都是
傳統與創新完美結合的最佳證明。

叉燒

@Stephen_leung
不容錯過的還有其中式甜品拼
盤。從傳統的紅棗糕到各式創
新甜品，每一款都以精緻的外
觀和迷人的味道，成為餐後的
完美結尾。在享受精緻的片皮
鴨後，別忘了留點胃納，因為
這份甜品拼盤，絕對會令你有
驚喜。

華麗演繹

酒店內的高級餐廳都是臥虎藏龍，

不論中西日式，總能找到滿足味蕾的菜式。

烤牛肉

華麗演繹

Mandarin Grill + Bar

以優質環境及服務完勝的經典扒房

📍 中環干諾道中 5 號香港文華東方酒店 1 樓
🕐 12:00~14:30、18:00~23:00
📞 28254004
💰 $500-$1000

Mandarin Grill + Bar 被譽為香港扒房中經典中的經典，絕對是扒房餐的瑰寶。位於文華東方酒店內，以卓越品質和優雅用餐體驗而聞名於世。它不僅保持着穩定的水準和優質的服務，而且以其無與倫比的裝和儀式感，成為香港人喜愛的酒店用餐和慶祝活動場所之一。

走進餐廳，會被頭頂上懸掛的華麗裝飾和精心佈置的用餐區所迷住。無論是用餐環境還是服務態度，Mandarin Grill + Bar 都堪稱城中五星級餐廳代表，延續了文華東方酒店的獨特魅力和專業服務。

而，Mandarin Grill + Bar 最令人着迷的地方還
它們的**烤牛肉**。餐廳選用頂級美國 USDA 牛
，並經過長時間的慢煮和烤焗，製作出絕妙的
牛扒。每一口牛肉都鮮嫩多汁，肉質細緻，帶
微妙的脂肪紋理，充滿牛肉的香甜味道。餐廳
有自家獨特的牛扒餐車，當有客人點了牛扒，
應會將由銀器打造的牛扒餐車推到面前，即時
出客人所選的牛扒，這種儀式感絕對令人讚嘆
興奮。在香港眾多牛扒餐廳中，這樣的表演相
罕見，給整個用餐體驗增添了獨特的情趣。

==

了烤牛肉，餐廳還提供多種精緻菜餚。無論是新
海鮮的精湛烹調，美味家禽的經典搭配，還是簡
中見不平凡的蔬菜，都展現廚師的創意和專業技
。餐廳的**紅酒**選擇更是豐富多樣，完美地襯托
整個套餐的味道和風味，也增添了一份奢華。

烤牛肉

==

嘗完豐盛的主菜後，別忘了點選餐廳精心製作
甜品。我特別推薦**朱古力心太軟**。選用頂級黑
古力製作，每一口都散發着濃郁的朱古力香
，入口即化，帶來無比的口感享受。此外，餐
還有其他精緻的甜品選擇，如水果拼盤、香濃
焦糖布丁及濃郁的提拉米蘇，讓你在甜品世界
盡情享受。

烤羊架

朱古力蛋糕

@Stephen_leung
Mandarin Grill + Bar 以經典的烤牛肉、優
雅的用餐環境和一流的服務而聞名。這裏
是品味高級牛肉和享受奢華用餐的理想之
地。不論是共渡浪漫晚餐、商務宴請還是
慶祝特殊節日，Mandarin Grill + Bar 絕對
能給予難忘的用餐體驗。

意大利 Tiramisu

華麗演繹

Grissini

典雅舒適的頂級意大利餐廳

📍 灣仔港灣道 1 號君悅酒店 2 樓

🕐 週一至三 12:00~14:00、18:00~22:00，
　週四至五 12:00~14:00、18:00~20:00、20:30~22:00，
　週六日 11:30~14:00、18:00~20:00、20:30~22:00，
　假日 11:30~14:15、18:00~20:00、20:30~22:00

📞 25847722

💰 $400-$800

Grissini 餐廳以精心設計的室內裝潢讓人一進入就為之着迷。結合了現代和古典元素，營造出典雅而溫馨的氛圍，為用餐體驗增添獨特的魅力。舒適的座位和迷人的城市景觀讓人在享受美食的同時，能欣賞香港市中心的美景。

裏供應各種正宗的意大利美食，每道菜都展現
廚師的烹飪技巧和對食材的巧妙運用。他們選
新鮮的季節食材和優質原材料，確保菜式的
感和味道達到最佳狀態。如果喜歡開胃菜，
issini 也有多種選擇，如**意式冷盤拼盤**和精緻的
火腿，不僅美味，而且色彩豐富，非常精緻。

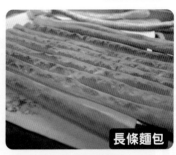

長條麵包

==

issini 的甜點是另一大亮點。特別值得一讚的是
大利 Tiramisu，可謂全香港最佳之一，與其他
大利餐廳供應的小杯 Tiramisu 不同，Grissini 的
近似意大利家庭式製作的大盤 Tiramisu，客人
單後，侍應會將整盤拿出來分發。質地出色，
濃郁的咖啡香味和輕微的酒香，中間保持濕
，入口細滑。

藏紅花意大利粉配野豬燉肉

==

外，餐廳所有的**麵包**，包括餐前的長條小食、
大利麵包以及自家製薄餅，都是自家製作，不
錯過。

==

了美食，Grissini 的服務也非常出色。工作人員
情友好，對菜式和飲品有豐富的知識，可為客
提供專業建議和推薦。他們細緻入微的服務為
餐體驗增添一份溫暖和舒適。

@Stephen_leung

Grissini 是灣仔區內的頂級餐廳，提供精湛的意大利美食。無論是菜式選擇
還是烹飪技巧，都展現了他們對品質的追求。每道菜都經過精心製作，味
道鮮美且豐富。優質的服務態度和溫暖的環境也增添了愉悅感。如果你喜
愛意大利美食，Grissini 絕對是不容錯過的餐廳。

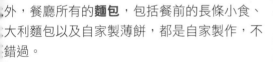

春卷

華麗演繹

金葉庭

保持穩定高質素的中菜餐廳

📍 金鐘金鐘道 88 號太古廣場香港港麗酒店大堂低座
🕐 11:30~15:00、17:30~22:00
📞 28228870
💳 $400-$800

金鐘港麗酒店的金葉庭是香港享譽盛名的高級中菜餐廳,以出色的廣東飲茶和點心而聞名,絕對能滿足對正統港式點心和精緻茶葉的期望。

首先,金葉庭提供豐富多樣的飲茶選擇,包括經典茶葉和特色茶點。茶葉來自優質產區,如龍井、普洱和鐵觀音。無論是單獨品茗還是搭配點心,這裏的茶葉都能帶出愉悅的品茶體驗。茶葉師傅對泡茶過程非常講究,確保每杯茶都展現出獨特的風味和香氣。

次，金葉庭的點心選擇也很多。廚對點心的製作極其講究，注重細，確保每件點心的外形、口感和味都達到最佳狀態。無論你喜歡燒、蝦餃、糯米雞還是酥皮蛋撻，這都能迎合你的口味。點心皮薄餡，鮮美多汁，每一口都令人回味窮。

========================

難得的是金葉庭的每一款點心都保相當高的出品和質素，這在香港人短缺的情況下相當難得。我也注意餐廳樓面的職員都經驗豐富，令人到非常放心和舒適。基本上，出錯機會非常少。

@Stephen_leung

總括來說，我特別喜歡這裏的**叉燒包**，外皮充滿濃郁的香味，叉燒餡料含有梅菜和彈性十足的豬肉，讓平凡的叉燒包增添獨特味道。此外，我也非常喜歡他們的炸點，如**春卷**和**鹹水角**等，外層酥脆，油分恰到好處，顯然技巧非常純熟。整體午餐體驗非常出色，讓我常常回味，成為我經常光顧的餐廳。

牛面頰

華麗演繹

Caprice

對着維港景色品嘗米芝蓮法國菜

📍 中環金融街 8 號香港四季酒店 6 樓
🕐 週二至日 12:00~14:00、18:30~20:30
　 休週一
📞 31968860 / 31968888
💵 $800-$1000

Caprice 位於中環四季酒店內，是享有米芝蓮三星榮譽的法國餐廳，以水準的法國料理、卓越的服務和絕佳的維多利亞港景觀著稱。每次光臨 Caprice，都是一次難忘的美食之旅。

Caprice 的裝修風格華麗而不失典雅，以金色和深木色為主調，配合精緻的水晶吊燈和法式裝飾，營造出奢華而溫馨的氛圍。寬敞的落地玻璃讓食客可以一邊享用美食，一邊欣賞維多利亞港的壯麗景色，這無疑是用餐體驗中的一大亮點。

坐下那刻起，食客就能感受到餐廳在每個細節的用心，無論是餐具選擇還是服務質素都達到級水準。即使在點餐前，侍應奉上的法式**麵包**也能讓人留下深刻印象。

麵包籃

==

aprice 的菜單由行政總廚 Guillaume Galliot 精心計，每道菜都展示出法國料理的精髓和創意。廳不時推出特別的午市套餐，我當日試了其中個，首先是**法式海鮮湯**。這道海鮮湯味道豐富複雜，融合了大蝦、青口和魚等多種海鮮的鮮，質地細滑，而且不會過鹹，飲用時感受到層豐富且順滑的口感。這道湯充分吸收了各種海的精華，色香味俱佳，宛如濃郁的龍蝦湯。

法式海鮮湯

==

菜方面，我們試了**牛面頰**。當侍應將菜餚端上時，首先被它的外觀所驚艷，醬料的擺放如同條彩虹，細緻而美觀。牛面頰質地柔嫩，用紅汁搭配，味道相得益彰。紅酒汁香氣濃郁，帶葡萄的獨特風味，與牛面頰的油脂和肉汁完美合，經過慢煮的牛肉質地柔滑，保留了豐富的味和肉汁，展現了法式牛扒的精髓。

焗梳乎厘

==

廳的甜品同樣令人印象深刻。我選擇了**焗梳乎**，尺寸巨大，以法國本土的配方製作，口感鬆濕潤，無可挑剔。

@Stephen_leung
Caprice 給我的感覺是，無論哪個環節都做到極致細心，每位侍應都用心服務，確保每位顧客都有最佳的用餐體驗。這樣用心的餐廳，有機會一定要來一試。

Lucciola

猶如置身意大利小鎮的悠閒體驗

📍 灣仔駱克道 330 號 The Hari Hong Kong 1 樓
🕐 07:00~11:00、12:00~14:30、18:00~22:00
📞 21290333
💵 $200-$400

許多時候，優質餐廳往往並不顯眼，需要
細心發掘才能找到。位於灣仔精品酒店
The Hari 內，有一間意大利風情濃郁的餐
廳 Lucciola。作為熱愛美食的饕客，我對
這種餐廳情有獨鍾。由於我曾在英國留
學，深受當地文化影響，除了啤酒、炸魚
薯條及漢堡，我亦喜歡光顧特色酒吧，品
嘗調酒師精心炮製的雞尾酒。

港有不少酒店酒吧，但論整體質素
食物水準，能夠將兩者完美結合並
到高水準的，Lucciola 當屬翹楚。我
次光顧便被他們的**週末早午自助餐**
（Brunch）深深吸引。這裏的菜式以高
意大利菜為主，大部分食材均為進
，並且非常注重擺盤。每逢週末，
彩繽紛、種類繁多的美食讓人眼前
亮，真正讓人感受到異國休閒的用
體驗。

週末早午自助餐

==============================

外，我特別要推薦他們的飲品。除
常見的紅白葡萄酒，他們還提供現
調製的**雞尾酒**。調酒師會在客人面
即興調製，可以説是度身定製的飲
。如果覺得這些還不夠特別，還可
試試酒店自家的一款**甜酒** Classic
egroni。這款雞尾酒的歷史可以追
到 1940 年，屬於典型的意大利雞
酒，內含 Gin、Vermouth，味道芬
，帶有輕微甜味，並有少許木桶的
氣。

新鮮食材擺盤精美

雞尾酒

@Stephen_leung
在如此豐富的酒精飲品陪襯
下，加上精彩的意大利美食，
不告訴你，你可能會以為自己
身處意大利一間小酒館裏，享
受着一個輕鬆愉悅的週末，感
受異國風情，簡直妙不可言。

英國肉批

華麗演繹

The Chinnery

以咖喱為主打的英倫風酒吧餐廳

📍 中環干諾道中 5 號香港文華東方酒店 1 樓
🕐 週一至五 11:30~15:00、17:00~23:00，週六 17:00~23:00
　　休週日
📞 28254009
💵 $400-$800

這間餐廳各位男士真的要記錄下來，因為我覺得它是非常適合拍拖的地方，私隱度極高，而且還位於中環五星級文華東方酒店內。很多人為 The Chinnery 主要提供印度食物，但其實它是具有古典色彩和高格的酒吧餐廳。除了以咖喱為主打，它還有很多英倫風格的食物選擇。

首先，談談它的咖喱。招牌菜中我最喜歡**咖喱羊肉**。雖然咖喱味道不會非常濃郁，但能品味出香料的豐富層次。其特點是濃郁的質地，無論是牛油雞、咖喱牛肉還是羊肉，都能緊緊包裹着食材，入口帶有輕微的辛辣感，感覺上已經調整到適合港人的口味。

外，我比較喜歡的還有**英國肉批**，質素相當，和我以前在英國讀書時期一些高級餐廳的味差不多。其精髓在於牛肉餡料味道極其濃郁，肉煮得非常軟爛，即使沒有牙齒也能吃到。此，上面還有金黃色的焗薯，配合牛肉餡料一起，滋味無窮，是英國人十分喜歡的菜式。

咖喱羊肉

======================================

且這裏還有一道**青豆蓉**，這道菜非常英國，雖有些草青味不是人人都喜歡，但對我來說卻吃了在英國寄宿時候的點滴回憶。

青豆蓉

======================================

得一提的是，這裏的**雞尾酒**做得相當出色。招是傳統的馬天尼雞尾酒，來到這麼有格調的酒裏喝一杯，一定會讓你重新思考人生。

雞尾酒

@Stephen_leung

當然，如果要吃正宗的印度咖喱，還有很多地方可以選擇，但這裏提供的是在一間高級英倫風格酒吧裏吃咖喱的感覺；在這方面，我覺得它拿捏得恰到好處。此外，餐廳打理得非常整潔，進去後沒有半點咖喱味，不會讓女士卻步。我更要讚賞它的裝修，100% 英倫風，彷彿置身電影 *Kingsman* 裏的裁縫店和酒吧。因此，這間餐廳非常適合私人聚會或享受二人世界。不過，餐廳面積較小，座位不多，絕對需要提前訂位。

金錢雞翼

華麗演繹

萬豪金殿

為傳統粵菜注入新元素

📍 金鐘金鐘道 88 號太古廣場香港 JW 萬豪酒店 3 樓

🕐 週一至五及假期前夕 12:00~22:00、
週六日及假期 11:30~13:00、13:30~15:00、18:00~22:00

📞 28108366

💰 $400-$800

許多人認為品嘗粵菜應該追求傳統味道；當然，廚師的經驗與廚藝對出
品有絕對的影響。然而飲食文化不斷演變，有時需要紮實的基本功
餘，再融入新元素，才能使粵菜在時代的巨輪中不斷進步。

説起來容易，但真正能做到這一點的廚師並不多。認識 JW 萬豪酒店金殿
魂人物鄧家濠（Jayson），是在疫情期間。當時他們推出用煎法製作的花膠
我覺得相當新穎，立即被吸引住。自此之後，我時常前來品嘗 Jayson 的手
在競爭激烈的飲食界，Jayson 算是敢於創新的粵菜主廚，因為他可以掌握
的粵菜功夫，再加上獨特的烹調方法，使出品煥然一新。他的菜餚可以説
到好處，不會偏離基本粵菜，但又能呈現不同的口感，絕對是舊菜新做的代

近他們推出了幾道新菜式，我也去試了，包括**錢雞翼**。這道菜的做法與懷舊菜金錢雞有些類，只是這個做法更加香口。先將雞翼去骨，再雞肝和叉燒釀入雞翼內，香口且入味。一口咬去，有濃郁的雞肝味道，叉燒增添了紮實的口，整體感覺與金錢雞非常相似，只是現在大家求健康，所以少了金錢雞裏的冰肉。

不得不提**花膠鮮魚湯**，使用幾種魚精心熬製，湯的味道完全是另一個層次。每天精心熬製的魚湯底，材料包括蜆、蝦乾、鯪魚、斑骨及鯽，味道鮮而不腥。配料有花膠、竹笙及由雞蛋蝦膠製成的蝦腐，為魚湯加入新元素，使口感為細膩，入口有清新感覺。花膠扒更是厚實有性，與魚湯簡直是絕配。

花膠鮮魚湯

==

參在傳統粵菜中通常是燜製，但萬豪金殿的做絕對令人驚喜。這道菜叫做**帶子膠釀關東遼**，採用輕炸的方式，使海參口感更加豐富，但不失軟滑。廚師為了讓海參更有特色，將帶子成膠狀，然後釀入海參內，使海參夾雜帶子的味，完全將傳統海參的單一口感帶到另一個次。

帶子膠釀關東遼參

@Stephen_leung
我非常喜歡這間餐廳的裝修，感覺優雅舒適。來到這裏，可以放鬆自己，盡情享受備受呵護的晚餐。菜式的味道可以完全放心交託這裏的製作團隊，服務也是無微不至。無論是節日慶祝還是聚會，這間餐廳也很值得考慮。

蟹餅

華麗演繹

Fish Bar

令人驚喜的酒店泳池旁小餐廳

📍 金鐘金鐘道 88 號太古廣場香港 JW 萬豪酒店 7 樓

🕐 12:00~22:00

📞 28108366

💵 $200-$400

Fish Bar 可能大家未必聽過，這是一間位於 JW 萬豪酒店泳池旁的餐廳。東南亞地方酒店泳池旁總會有一間小餐廳或小吃攤，供應啤酒水等飲品，頂多提供一些漢堡，一般來說，這類餐廳通常不會有太喜，但 Fish Bar 卻讓我大為驚訝。

那天我在這裏游泳後決定試試這間餐廳，點了一份蟹餅和龍蝦三文治。蟹質素完全出乎我意料，蟹餅內完全是 100% 純蟹肉，沒有任何添加物，因以完全感受到它的鮮味。蟹肉香氣撲鼻，食後不覺得油膩或飽腹，煎得恰處，保持乾爽，配上一點他他醬，味道極其美妙。以泳池旁餐廳的標準來已經無可挑剔。

而，最令我驚喜的是**龍躉三文治**。炸魚柳大家吃得多，我小時候在英國讀書，幾乎每週都會一餐，各種質素的炸魚薯條都試過，最美味的常是在酒吧裏吃到的。這次的炸龍躉三文治，僅讓我回憶起求學時的點滴，更是我第一次以式炸魚的方式品嘗龍躉，完全改變了我對炸魚條的看法。餐廳支持本地食材，用上流浮山龍，味蕾衝擊力極強，可以説是中菜西做。龍躉肉的鮮味十分突出，讓人聯想到中式蒸魚，但上炸魚柳的做法，外層酥脆，而且龍躉肉比一炸魚柳更為紮實，質感十足，像是在品嘗高級材。這種做法在香港應該是獨一無二的，因此認為這個龍躉三文治絕對有存在價值。

==

sh Bar 經過一年時間翻新，於 2024 年 3 月重開業，並加入許多環保元素。無論是家具、員服飾都使用環保概念設計，菜單上也加入許多環再利用食材，這些改變讓我大開眼界。原來泳池旁邊竟有如此高質素的餐廳，今後到酒店泳時，一定會試試泳池酒吧的餐點。

龍躉三文治

@Stephen_leung
Fish Bar 的存在，讓我對泳池旁的餐廳有了全新的認識。無論是鮮味十足的蟹餅，還是創意十足的龍躉三文治，都讓我感受到這間小餐廳的用心與獨特。希望更多人能發掘這個隱藏在酒店泳池旁的美食寶藏。

華麗演繹

香箱蟹

今佐日本料理

在享負盛名酒店內品嘗奢華日本料理

📍 尖沙咀梳士巴利道 22 號香港半島酒店 1 樓
🕐 12:00~14:30、18:00~22:00
📞 26966715
💵 $800-$1000

今佐日本料理位於半島酒店內,是備受矚目的日本餐廳。這裏以高品質和傳統日本料理見稱,在我生日的那天,我特意選擇在今佐用餐,因為他們對食材和環境的重視堪稱極致。細心的侍應會詳細介紹每道菜的來源和特點,讓食客能對美食有深入的了解。

刺

了菜餚的精緻和味道，今佐也注重日本傳統禮
。一進入餐廳，我們就被穿着日式和服的工作
員迎接，讓人感受到濃厚的日本風情。環境佈
充滿高雅和光潔的氛圍，簡約而精心設計的空
不會搶走食物和服務的焦點。此外，菜單提供
、英和日文選擇，方便不同語言的食客點選菜
。據我所知，今佐也受不少來港公幹的日本人
愛。

==

佐的菜單經常更新，以保證食材的新鮮度和多
性。我在那天品嘗到的**刺身**全部是當天從日本
運而來，鮮嫩美味。對於在香港享受頂級日本
身來說，這真是一種奢侈的體驗。雖然價格不
，但對我來說，這是一個特別的節日，不在乎
出多少。

==

我當晚最喜歡的是**香箱蟹**。儘管香箱蟹體型較
，但擁有豐富的蟹膏和卵，與其他螃蟹不同。
員將所有蟹肉放在蟹蓋上，方便食用，而且整
拆蟹過程非常乾淨利落，沒有任何殘留。每一
都散發着濃郁蟹味，令人回味無窮。

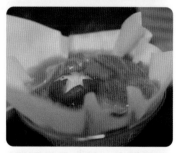

@Stephen_leung
今佐日本料理提供了高標準的傳統日式料
理，讓人彷彿置身於日本的饗宴之中。對
於愛好日本美食和追求卓越體驗的人來
說，今佐是不可錯過的選擇。

牛扒

華麗演繹

The Steak House

極專業及細緻的頂級扒房

📍 尖沙咀梳士巴利道 18 號香港麗晶酒店地舖
🕐 週一至六 18:00~23:00、週日 11:30~14:30、18:00~23:00
📞 23132313
💰 $1000-$1500

尖沙咀麗晶酒店的 The Steak House 是一家令人驚艷的餐廳，以頂級牛扒聞名，讓你品嘗到優質的肉質和絕妙的烹飪技巧。

從踏入餐廳那刻起，The Steak House 展現了獨特魅力。華麗的裝潢、精心挑選的家具和柔和的燈光，營造出奢華而溫馨的氛圍，令人感到舒適和放鬆，無論是商務宴會還是浪漫約會都很適合。

The Steak House 也提供了一流的服務。專業的工作人員熱情友好，對菜單的了解豐富且細緻，能夠提供不同牛扒的切割方式、熟度選擇和搭配建議。無論客人對牛扒有多少認識，他們都願意提供協助，確保用餐體驗無懈可擊。

===

餐廳的細節處理也顯心思，例如配有多款餐刀供客人選擇使用，並有超過 10 款的鹽以供挑選，例如稀有的火山岩鹽，服務周到入微。

===

餐廳擁有自家熟成牛扒風乾櫃，精挑世界各地的頂級牛扒，部分是餐廳自行風乾。除了牛扒，他們的**沙律吧**也提供多種新鮮食材，大部分都是由外國進口，這在香港的餐廳中相當罕見。

===

牛扒當然是這家餐廳的明星菜餚。The Steak House 提供各種切割方式和熟度選擇，滿足不同需求。無論是挑選嫩滑的菲力牛扒、濃郁的肉眼牛扒還是多汁的肋眼牛扒，廚師都能拿捏得恰到好處，對牛扒的處理亦非常細膩，保持肉質鮮嫩多汁。此外，配菜的選項也非常精心，從烤蔬菜的香氣和口感，到薯條的酥脆，都與牛扒完美相襯。

沙律吧

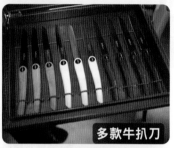
多款牛扒刀

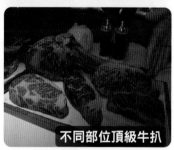
不同部位頂級牛扒

菜式賣相及味道俱備

@Stephen_leung
如果你對牛扒有相當要求，絕對不要錯過這家餐廳。The Steak House 從精心挑選的食材到到位的服務，各個細節都力求完美，讓你在這裏渡過一個難忘的時刻。

焗釀蟹蓋

華麗演繹

唐閣

不論午晚市皆能感受一場味覺盛宴

📍 尖沙咀北京道 8 號香港朗廷酒店 1 樓及 2 樓

🕐 週一至五 12:00~15:00、18:00~23:00，
週六日及假期 11:00~15:00、18:00~23:00

📞 21327898

💰 $400-$800

在香港，獲得三星米芝蓮美譽的餐廳不超過 10 間，而中菜餐廳更是只有兩間，其中一間是富臨飯店，另一間則是位於尖沙咀朗廷酒店內的唐閣。餐廳以優質的服務和高水準的食物質量深受喜愛，我曾多次光顧，包括午市和晚市，每次都能品嘗到頂級菜餚。

唐閣的裝修風格典雅華麗，融合了中國傳統元素與現代設計，營造出高貴而不失親切的氛圍。餐廳以大量紅色和金色為主調，配合精美的雕花木屏風和古典瓷器擺設，令整個空間充滿濃厚的東方韻味。柔和的燈光投射在每一張餐桌上，既溫馨又不失奢華，為食客提供一個舒適的用餐環境。

先談談點心。唐閣的點心精緻而高質,保證即叫即,每一道都展現出師傅的精湛手藝。特別值得一提是**蝦餃**,蝦肉爽口鮮嫩,加上清香的筍絲,入口便感受到清甜的蝦汁,絕對是必點之選。

蝦餃

==

燒包同樣出色,外層鬆軟,散發出包點的香味,餡的叉燒鮮嫩且醬汁調和得當,口感適中。

==

外,唐閣的**燒賣**也十分出色,頂部點綴的蟹籽提供額外的鮮味和口感。

叉燒包

==

了點心,唐閣還供應各種名貴食材,如鮑魚、花膠鵝掌等。我有幸在疫情時以優惠價品嘗到**鮑魚鵝**是強烈推薦的菜式。鵝掌煮得入味,鮑魚炆得恰到處,最讓人難忘的是其鮑汁。鮑汁經過長時間熬,濃郁的質地令每一口都充滿層次感。這是因為製過程中使用了老母雞、豬骨及各種調味料,使鮑汁濃細滑。

春卷

==

外,晚市也不可錯過**焗釀蟹蓋**。這道菜被譽為香港美味的焗釀蟹蓋之一。內裏的蟹肉飽滿豐富,雖然格不菲,但絕對物有所值。焗釀蟹蓋的特色在於其正的蟹肉,混合少量奶油,使蟹肉滑溜鮮甜。秘訣於使用兩至三種蟹肉,包括花蟹和肉蟹,既能保留甜味道,又增添不同層次的口感。外層的麵包糠焗金黃香脆,提升了整道菜的口感和香氣。

鮑魚鵝掌

@Stephen_leung
餐廳的侍應訓練有素,對於每道菜餚的介紹詳盡而專業,時刻關注客人的需求,提供無微不至的服務。加上以唐閣高質素的點心和晚市菜餚,無愧於香港三星粵菜的頂峰地位。

華麗演繹

瑞士火鍋及焗田螺

瑞樵閣

隱藏於五星酒店內的少數正宗瑞士餐廳

📍 尖沙咀梳士巴利道 22 號香港半島酒店 1 樓
🕐 12:00~15:00、18:00~23:00
📞 26966769
💰 $400-$800

香港是美食之都，匯聚世界各地的美食，然而要在香港找到高質素士美食並不容易。在這方面，半島酒店的瑞樵閣是不可多得的選擇間歷史悠久的傳統瑞士餐廳提供了正宗的瑞士風味。

瑞樵閣位於半島酒店的自助餐區旁邊，地點相對隱蔽，但一旦進入餐廳，便會被獨具一格的瑞士小屋風格所吸引。餐廳裝潢充滿家庭感覺，木質家具和牆壁上的瑞士風情畫讓人彷彿置身於阿爾卑斯山的溫暖小屋。桌上的小蠟燭和簡約的北歐風格設計讓整個氛圍更加溫馨宜人，無論是熱鬧的家庭聚餐還是浪漫的約會，這裏都是絕佳選擇。

士美食的代表非**瑞士火鍋**莫屬。瑞樵閣的瑞士
鍋選用多種濃郁的芝士混合，再加入白酒調製
成，芝士香氣撲鼻，口感軟滑且層次豐富。當
士在火鍋中慢慢融化，濃郁的香氣瀰漫整個餐
，讓人垂涎欲滴。搭配上新鮮麵包一起享用，
直是無法抗拒的美味。火鍋裏的芝士有彈性，
口煙韌，加上濃郁的香氣，在冬天品嘗感覺尤
溫暖。

==

了瑞士火鍋，瑞樵閣的**焗田螺**也值得一試。田
用香草和蒜蓉焗製，味道鮮美且不油膩，讓人
味無窮。每一顆田螺都經過精心處理，肉質嫩
，香草和蒜蓉的搭配恰到好處，既增添了風
，又不會掩蓋田螺本身的鮮味。這道菜無論是
為前菜還是主菜，都能讓人滿足。

==

一道推薦菜式是**羊仔扒**。調味不會過重，餐廳
用慢煮的方法，令羊肉質地柔嫩多汁，保留了
本的風味和肉汁。這道菜巧妙地平衡了羊肉的
郁和細膩，讓每一口都充滿驚喜。

@Stephen_leung

整體而言，瑞樵閣無論在食物質素還是服
務水平上，都能讓人滿意。這間餐廳絕對
可以讓你感受到置身瑞士家庭餐廳的獨特
氛圍。服務人員親切友好，對每道菜的介
紹詳盡且專業，在享受美食的同時，亦
能深入了解瑞士的飲食文化。如果你想在
香港嘗試一下高級的瑞士餐廳，我會推薦
這裏。

金魚餃★

華麗演繹

麗晶軒

最不能錯過午市點心

📍 尖沙咀梳士巴利道 18 號香港麗晶酒店地舖
🕐 週一至六 12:00~14:30、18:00~22:00，
　　週日及假期 11:30~14:30、18:00~22:00
📞 23132313
💰 $400-$800

麗晶軒（前身為欣圖軒），位於尖沙咀麗晶酒店，是享負盛名的高級中菜餐廳。優雅的環境、精緻的菜餚和卓越的服務使其成為許多饕客的心頭好。然而初次光顧麗晶軒時，我並未立即被其魅力所折服。事實上，許多中餐廳的點心或午市廚師通常與晚市廚師是不同的班次。我的第一次體驗是在晚餐時段，雖然質量不錯，但並未給我留下十分驚艷的感覺。

後來有機會再訪，品嘗他們的午市點心，感覺截然不同。麗晶軒的環境和服務絕對配得上麗晶酒店這一華麗的五星級酒店名銜。餐廳位於尖沙咀一線景觀，就在星光大道旁，因此每逢週末或有煙花表演時，餐廳必定爆滿。內部裝潢典雅，設計風格融入了現代與傳統元素，營造出低調奢華的氛圍。

務方面細心周到，無可挑剔。侍應對菜單瞭若[指]掌，能夠根據客人的需求提供專業建議。無論[是]細緻的擺盤還是貼心的服務，都讓人感受到無與倫比的用餐體驗。值得一提的是，餐廳使用的[餐]具自開業至今一直保留，採用碧玉的設計概[念]，所有筷子及餐點器具均以綠色為主調。這些[名]貴餐具的保存和打理需要大量人手及功夫，其[他]餐廳難以匹敵。

粉果

===

到中午點心，絕對值得一再到訪。幾款特別推[薦]的點心包括造型相當可愛的**金魚餃**，其造型宛[如]一隻肥嘟嘟的金魚。實際上，它是海鮮餃子，[內]餡相當名貴，包括鱸魚、帶子和蝦肉，每一口[都]充滿濃郁的海鮮精華，晶瑩剔透的蝦餃皮更是[點]睛之筆，不僅造型吸引，味道更是鮮美無比。

燒賣

===

[另]一推薦的點心是**粉果**，這是我的私心推薦。製[作]精細，內餡飽滿，半透明的外皮如吹脹的玻璃[球]，可以清楚看到裏面豐富的材料。入口煙韌細[緻]，絕非一般酒樓可比。

叉燒包

===

他必點的廣東點心還有**燒賣**和**叉燒包**，燒賣選[用]上等豬肉和蝦仁，口感紮實鮮美；叉燒包外皮[鬆]軟，內餡香甜，令人食指大動。

===

[另]外，餐廳提供的餐前小食**琥珀合桃**也相當酥脆[可]口，令人回味無窮。琥珀合桃經過精心烘焙，[每]一口都酥脆香甜，為整個用餐過程增添了愉[悅]感。

琥珀合桃

@Stephen_leung
記得訂位時要求靠窗的位置，這樣可以 180 度飽覽維港的醉人景色。

華麗演繹

龍苑中菜廳

牛尾愛好者的天堂

📍 尖沙咀彌敦道 50 號金域假日酒店低層 1 樓
🕐 11:00~15:00、18:00~23:00
📞 23151006
💰 $200-$400

龍苑中菜廳位於金域假日酒店地庫，以精緻的廣東料理和優雅的用餐環境聞名。不僅提供傳統中國美食，還融入了現代創新元素，使每道菜都成為藝術品。

牛尾

龍苑中菜廳的用餐環境極具舒適性和高級感，裝潢融合了傳統與現代設計，創造出寧靜而優雅的氛圍。然而，在繁忙時段，餐廳的服務可能略顯不足，期望未來可努力改進。

果評選龍苑中菜廳的代表菜式，那**牛尾煲**必定榜上有名。每次品嘗，素表現穩定，展現出廚師對食材選的嚴格要求。此菜只選用超特大的尾，每個煲約有四至六件，每件都具分量，搭配西芹、紅蘿蔔和番茄蔬菜，使整個菜餚不僅分量足夠，時營養均衡。牛尾的肉質因長時間煮而變得極為鬆軟，入口即化，脂部分更是如同啫喱般滑嫩，混合着富的牛肉香和特製醬汁的獨特風，每一口都令人回味無窮。

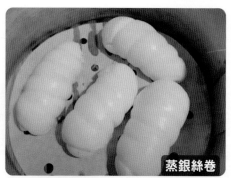

蒸銀絲卷

================================

裏的牛尾煲配以**蒸銀絲卷**同吃，蒸絲卷的輕盈口感與牛尾煲的濃郁完融合，如果一籠的分量不足以滿，顧客可以追加。整體來看，餐廳菜餚質量有保障，屬於酒店中菜廳的佼佼者。

炸子雞

@Stephen_leung
龍苑中菜廳是值得推薦的高級中餐廳，無論是菜餚的質量、用餐環境，還是經典的廣東菜表現，都表明這是適合家庭聚餐、商務宴請或慶祝重要時刻的理想場所。特別是對於牛尾煲的愛好者來說，龍苑的這道招牌菜絕對值得一試。

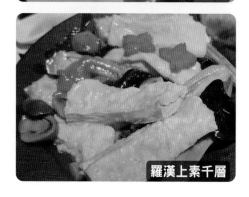

羅漢上素千層

龍蝦湯

華麗演繹

希戈餐廳

以銀色餐車即場炮製菜餚，未吃先滿足視覺

📍 尖沙咀河內道 18 號香港尖沙咀凱悅酒店大堂
🕐 週一至五、假期及假期前夕 12:00~15:00、18:30~22:00，
週六至日 11:30~15:00、18:30~22:00
📞 37217733
💰 $800-$1000

希戈餐廳（Hugo's）位於尖沙咀凱悅酒店內，自 1969 年開業以來一直是香港高級扒房的代表之一。經過多年的歷練和轉型，希戈餐廳在保持傳統的同時，也不斷創新，為顧客提供兼具古典與現代的獨特用餐體驗。

希戈餐廳的內部裝潢就像一座歐洲古堡，融合了優雅和古典風格，營造出典雅而精緻的用餐氛圍。進入餐廳，首先映入眼簾的是時代感濃厚的銀色餐車，廚師在此即席展示烹飪技藝，從龍蝦湯的烹調到 Prime Rib 的手切，每一道工序都在這部銀色餐車進行，讓食客在享受美食的同時，也能感受到滿滿的儀式感。

家菜單精選多款歐陸菜，其中必試的招牌菜之
是**龍蝦湯**。特色之處就是廚師會在客人面前現
即製。這款湯品不僅味道豐富，更加入乾邑來
升層次感，湯底濃郁，配上現場切割的新鮮龍
肉，令人難以忘懷。

===

一必試美食是**牛扒**，選用頂級美國及澳洲牛
，烹調方式可按客人喜好調整，無論是生熟度
是調味，都能精準符合顧客要求。牛柳肉質細
，香氣四溢，與精心烹調的蔬菜一同上桌，絕
是味蕾的享受。

牛扒

===

後甜品也是希戈餐廳的另一大亮點，特別推薦
們的**梳乎厘**。這款甜品即點即做，焗烤至外層
脆，內裏濕潤，滿溢着朱古力與蛋的香味，每
口都是幸福的滋味。

===

戈的服務同樣出色，每位侍應都展現了極高的
業素養和熱情的服務態度，確保每位客人的用
體驗都無可挑剔。

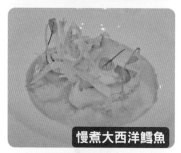

慢煮大西洋鱈魚

@Stephen_leung
原本位於彌敦道的舊香港凱悅酒店，後遷
至河內道新址，希戈餐廳以經典的裝潢和
卓越的菜餚，重新詮釋了傳統扒房的魅
力。踏進希戈餐廳，不僅是享受食物的味
道，也可感受一種高質的生活態度。

梳乎厘

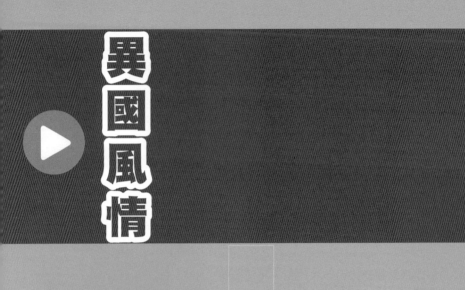

異國風情

各國美食遍佈香港大街小巷，

我們毋須身處外地，

也能用舌尖漫遊世界。

Grill ขุนทอง

蘭桂坊中的平民泰式串燒店

📍 中環和安里 1 號地舖
🕐 11:00~05:30
📞 25301022
💳 $100-$200

每當夜幕降臨,中環蘭桂坊搖身一變,成為香港最具活力的夜生~
標。而在這片繁華喧鬧的區域,卻隱藏着一家充滿泰式風情的街頭~
Grill ขุนทอง,以誘人的香氣和地道的風味,吸引無數下班白領和夜~
前來一嚐美味。

Grill ขุนทอง 雖然位於中環黃金地段,但價格十分親民,最低消費僅需 $20
可品嘗到各式各樣的泰式串燒,可謂中環區難得一見的良心店。

與一般串燒店不同,Grill ขุนทอง 的串燒是即叫即燒,食客可以透過透明櫥~
親眼目睹食物的製作過程,感受食物從生到熟的奇妙變化。店家對食材的~
也毫不馬虎,無論是泰式蝦餅、魷魚,還是豬頸肉、雞翼,都選用上乘食

以秘製泰式香茅調料和醬汁，保證每一口都充
驚喜。

====================================

中，最值得推薦的莫過於**豬頸肉串燒**。店家將
頸肉烤得外脆內嫩，肉質爽口彈牙，每一口都
滿肉汁，配上香甜微辣的泰式醬汁，令人回味
窮。

====================================

雞翼則烤得金黃酥脆，外皮香脆可口，內裏肉
鮮嫩多汁，再淋上少許蜜糖，令人欲罷不能。

====================================

然，來到 Grill ขุนทอง，絕對不能錯過其秘製**泰
辣醬**。這款辣醬以多種香料調製而成，辣度適
，香氣濃郁，無論是配搭串燒還是其他泰式美
，都能起到畫龍點睛的作用，令人食慾大增。

====================================

了各式各樣的泰式串燒，Grill ขุนทอง 還提供多
泰式美食，例如泰式海南雞飯、炒飯及各式飲
和啤酒等，滿足不同食客的需求。店家更貼心
在午市時段推出套餐，方便附近上班族享用美
又快捷的午餐。

燒豬頸肉

泰式串燒配炒飯

泰式辣醬

燒露筍

@Stephen_leung
Grill ขุนทอง 以地道的泰式風味、新鮮的
食材、親民的價格以及熱情的服務，在中
環蘭桂坊這個美食雲集的地方，佔據着一
席之地，成為不少人的深夜食堂。

異國風情

Argo

在酒店酒吧裏品嘗雞蛋仔？

- 中環金融街 8 號香港四季酒店大堂
- 週一至四 07:00~10:30、12:00~14:30、17:00~00:00，
  週五六 07:00~10:30、12:00~14:30、17:00~02:00、
  週日 07:00~10:30、12:00~14:30
- 31968882
- $200-$400

不知道大家有沒有想過會在酒吧裏面吃到雞蛋仔？而且我說的還是一位於中環頂級五星酒店的酒吧中。是不是很匪夷所思呢？這間酒吧就中環四季酒店的 Argo。

説起來其實我和這間酒吧還有些緣分。有一天，我恰巧在酒店的大堂喝咖啡，突然聽到職員説翌日有一間新酒吧開業，還説有自助午餐可供品嘗。由於這是四季酒店首次推出自助餐，我當然不會錯過這個機會，立刻訂位。後來我的影片發

後也引起很大迴響，要幾個月後才能再有機會
享用自助餐。然而，我今次要介紹的是這間餐
的精髓。其實它是一間酒吧，推出自助午餐應
是為了生意上的創新，但真正值得一去的還是
吧本身，適合夜晚到訪。

==

氣方面，四季酒店已經相當有名，而 Argo 在
023 年獲得亞洲 50 最佳酒吧第 8 名，其後又
世界 50 最佳酒吧中奪下第 34 名佳績，所以
酒吧界相當有名。大部分雞尾酒簡單直接，可
做到華麗之餘又不會太浮誇。這間酒吧的食物
飲品具有獨特風格，出品的質素也相當穩定。
吧華麗但不俗氣，擁有現代酒吧應有的個性及
計，每個位置都是打卡位，還有一個非常漂亮
海景。

特色雞尾酒

==

最喜歡是它融入了香港本地元素，而最具代表
的就是它的**小食拼盤**。作為一間五星酒店，很
遊客來到香港都會到訪，他們細心地將富有香
元素的食物加入其中，讓旅客也能感受到地道
香港飲食文化。部分飲品也加入了本土元素，
且經常更換餐牌，所以絕對有賣點。

小食拼盤

@Stephen_leung
每次有外國朋友來香港，晚上想淺嚐一番
的話，我都會帶他們來這裏，讓他們舒舒
服服地享受之餘，也能加深對香港的認
識，可說是一舉兩得。

異國風情

Bistro Breton
平實不浮誇的傳統法式之味

- 西環西營盤德輔道西 321 號瑧璈地下 3 號舖
- 11:30~22:00
- 34890959
- $200~$400

在香港，可能不太多人會選擇吃法國菜，但其實在中上環一帶，有很多由外籍人士經營的法國菜小館。最近，我短時間內多次光顧一間上環的法式小館 Bistro Breton。不知道大家有沒有這樣的經歷，有些餐廳的食物很好吃，但總是吸引不到你再次光顧。然而，這間法式小店卻讓我每當想吃法國菜時，總會想到它。

餐廳其貌不揚，進去後不會覺得有甚麼特別，甚至與一些普通的港式西餐廳相若。然而，論食物質素，它給我的感覺就像回到法國旅遊時品嘗當地的小館一樣，平實卻緊緊抓住了傳統法式味道。這間餐廳由老闆及法籍主廚營運，法式正宗而不浮誇，不會有華麗裝飾，也不會一味使用昂貴食材如魚子醬、松露等。每道菜都注重原材料及食物的配搭，味道簡單直接，配以傳統的烹調技巧，每次都能大飽口福。

裏雖然以海鮮為主打，但我每次都會點他們的
家製意大利粉，麵條質地實且彈性十足。我
別喜歡**海鮮意大利粉**，看似簡單，但他們的材
絕對新鮮，無論是大蝦還是大蜆，都能完全感
到海鮮的鮮味。此外，他們的意大利粉不僅僅
賴醬汁調味，更能吃出海鮮滲透進去的味道。

==

而，最令我念念不忘的，永遠是法國人最拿手
甜品。甜品的賣相討喜，每次有女士們在一
，總能讓她們驚喜不已。首先，即使不吃主菜
一定要嘗試的就是**法式可麗餅**。全部現點現
，可麗餅香脆，每一層都像紙般薄，入口有質
而不會過於飽肚，再加上焦糖、忌廉和雪糕，
品控一定會愛不釋口。

==

外，傳統法式甜品**焦糖燉蛋**蛋香濃郁，上層的
糖香脆，質地較厚實。焦糖燉蛋的製作看似簡
，但其實需要些許技巧。首先要將蛋黃和糖充
混合，然後慢慢加入熱牛奶，避免蛋黃受熱過
而結塊。混合物過濾後倒入烤盅，放入焗爐中
溫慢烤，以確保燉蛋質地滑嫩。最後的焦糖層
是用糖均勻撒在燉蛋表面，然後用噴槍燒至焦
融化並形成一層香脆的焦糖皮。

海鮮意大利粉

千層麵

法式可麗餅

焦糖燉蛋

@Stephen_leung
不知為何，法式甜品總有一種無法抗拒的
魅力，即使主菜吃得再飽，當日在場的幾
位女士，不一會兒就將甜品全部殲滅。
Bistro Breton 的甜品，每次都能讓人心滿
意足，回味無窮。

牛角包

異國風情

Bakehouse

前四季餅廚經營的人氣麵包店

📍（銅鑼灣店）啟超道 16 號地舖

🕐 08:00~21:00

💰 $50-$100

Bakehouse 是香港近年冒起得最快的麵包店之一，成功的背後離不開創始人 Grégoire Michaud 的努力。Michaud 是前香港四季酒店的餅廚，於 2018 年自立門戶創立 Bakehouse，並利用他在頂級酒店製作包點的技術，製作出令人驚喜的牛角包和葡撻。每日大排長龍的景象，足以證明這間餅店的受歡迎程度，不僅是香港人，連遊客也趨之若鶩。

akehouse 的**牛角包**外層酥脆,內裏
保持一定的彈性和柔軟度,牛油香
非常突出,這也是它最吸引人的地
。牛角包的外形也很吸引,非常適
拍照打卡。

==================================

於注重內涵的食客來說,我會
推薦他們的**酸種葡撻**,這也是
akehouse 的招牌產品,每日最多能
出 900 個,相當誇張。其獨特之處
於使用自家製的酸種麵糰,並結合
辦人多年製作牛角包的技巧,經過
次摺疊製作出層次分明的酥皮。葡
的蛋漿味道比一般香港傳統蛋撻多
一份甜味,入口層次更加豐富,加
酥皮外層的牛油香、蛋香和輕甜味
,三者完美融合。葡撻烤製時,外
會有些微焦脆,這正是它最適合品
的時候。如果你能趕上出爐時間,
撻的香氣遠至店外都能聞到。

@Stephen_leung
Bakehouse 的成功並非僥倖,
而是創始人 Grégoire Michaud
多年來在頂級酒店磨練出的技
術和對品質的堅持。無論是牛
角包還是酸種葡撻,都展示了
其對烘焙藝術的熱愛與追求。
如果你是麵包和糕點的愛好
者,Bakehouse 絕對是不容錯
過的一站。

每日新鮮烘焙包餅

酸種葡撻

牛扒

異國風情

Braza Churrascaria Brazilian Steakhouse

享受猶如巴西嘉年華的燒烤盛宴

📍 中環蘭桂坊 15-16 號協興大廈 3 樓

🕐 週一至五 11:30~15:00、18:00~22:00，
週六日及假期 11:30~16:00、18:00~22:30

📞 28909268

💰 $200-$400

我想很多人去過燒烤，但不知大家有沒有試過在餐廳裏有專人幫你燒烤，還可以任食？位於中環的這間巴西燒烤串燒肉就是其中一間。這店舖相當有特色，平時與一般西餐廳並無太大分別，但每逢中午或週末，它就會搖身一變成為如同巴西嘉年華般的燒烤盛宴，提供多款燒肉和沙律前菜供客人享用。

這間餐廳之所以值得推薦，絕不僅僅是因為它的賣點和特色，最重要的還是食物質素。巴西燒烤的特色在於使用一根長的鐵叉串着各種燒肉，然後在明火上慢慢旋轉燒烤，使肉類受熱均勻。

裏的運作方式非常特別，所有燒烤食物都在廚內直接炮製，然後職員會不斷在餐廳內穿梭，持長鐵叉，向每一桌客人詢問是否需要更多燒。因此，客人可以親眼看到每一塊肉的燒烤狀，然後決定是否需要。

==

廳主要提供**牛扒**和**豬扒**，廚師團隊訓練有素，火候的控制非常有經驗。你可以看到他們的牛通常是四至五成熟，無論轉動多次，仍能保持質素，這已經相當難得。

==

這裏用餐，除了享受美味的牛肉，也能欣賞廚和團隊的合作成果。要知道，牛肉的烹調時間給客人的速度非常重要，以確保牛肉的鮮嫩和汁。因此，他們需要非常清楚客人的用餐節，來準備烤肉的時間。雖然餐廳提供的食物款不多，實際上背後的準備工作和計算絕對不能覷。

@Stephen_leung
除了牛肉和豬扒，這裏還有雞肉、雞髀等選擇，更有一些牛肉內臟和牛舌等，非常適合喜歡吃肉的朋友。這間巴西燒烤串燒肉餐廳，無論是食物質素還是用餐體驗，都可以說是極具吸引力的選擇。

異國風情

Earl Grey Caviar Martini

Quinary

香港最有名氣酒吧之一

📍 中環蘇豪荷李活道 56-58 號地舖
🕐 週一至六 17:00~01:00、週日 17:00~00:00
📞 28513223
💴 $100-$200

不知大家會否和我一樣，喜歡美食之餘亦愛淺嚐一番。我發覺，隨著年紀的變化，對飲品的喜好也會隨之改變。年輕時比較放鬆，喜歡啤酒；出來工作後喜歡和同事及客人品嘗優質紅酒；而現在更愛探索各花樣，特別喜歡去雞尾酒吧，並且更加講求環境氣氛，當然還有和誰一起喝。

Quinary 是我相當喜愛的酒吧，也是香港非常有名氣的酒吧之一。多年來它一直位列亞洲 50 強酒吧，地點位於中環 Soho 區。這裏的環境並不華麗，卻給人非常放鬆的感覺，採用工業風設計，營造出輕鬆簡約的現代風格。

到他們的飲品，最具特色的就是經常更換款
，並且花樣繁多。他們擅長運用分子料理的
術，將天馬行空的想像注入各式雞尾酒中，
款雞尾酒都經過長時間的調整，口感非常柔
，絕對不只是外觀吸引，味道同樣出色。因此
uinary 成為喜愛飲酒的朋友們推崇的香港酒吧
一。

===

如，我經常點的 **Earl Grey Caviar Martini**，是
吧最暢銷的調酒之一。這款雞尾酒的造型精緻
愛，吸引不少客人。最上層是如雪糕般造型的
爵茶味泡泡，下層配以花香的伏特加，最特別
加入了爆爆珠「魚子醬」，口感十分有趣，味
相當易入口，整體感覺清新。

Lavender Meringue Pie

===

一款我推薦給女士們的是 **Lavender Meringue**
e，上層是類似烤蛋白棉花糖的厚實奶蓋，帶
些許檸檬味道，底層則是 Tanqueray Gin，味
相對較強，帶有淡淡薰衣草香，與上層的蛋奶
完美中和，整體組合十分和諧且層次豐富。
重要的是，這款飲品非常適合打卡，吸引力
足。

@Stephen_leung
如果你想找一間可以盡情打卡的酒吧，而
且每次光顧都有新驚喜，Quinary 絕對是
我的首選。

異國風情

雞尾酒

Mizunara: The Library

城市中讓人放鬆的綠洲

📍 灣仔駱克道 361-363 號翹賢商業大廈 4 樓
🕐 週一至六 18:00~03:00
休週日
📞 35719797
💰 $200-$400

這間酒吧低調隱世，位於灣仔一幢商業大廈的四樓。這家店絕對是臥虎藏龍，調酒師多次在比賽中獲得殊榮。酒吧主打日式風格，還有一個戶外大平台，可說是城市中的小綠洲。

酒吧空間感十足，就像日本銀座的高級酒吧一樣。內部裝潢簡約而精緻，大量使用木質元素和柔和的燈光，營造出溫馨而私密的氛圍。這裏與香港大部分西式酒吧格調截然相反，進去後會感覺到沉穩和平和的氣氛，讓人不自覺地放鬆。

吧備有 700 款**威士忌**，無論是數量還是質量令人驚嘆，大部分來自日本，從稀有的頂級品到經典的老牌威士忌應有盡有。當然，酒吧的品以威士忌為主調，調製成具日本風格的雞尾。這裏的**雞尾酒**實而不華，不會像其他酒吧那搞出煙霧或是五顏六色，但每杯雞尾酒都能喝調酒師手藝的細緻，與日本的文化色彩不謀合。

有芝麻及煙燻味雞尾酒

=======================================

得一提的是，這裏的雞尾酒不僅在味道上出，還注重飲品的呈現方式。每杯雞尾酒都經過心設計，從玻璃杯的選擇到裝飾物的搭配，無體現出調酒師的用心和創意。

調酒師功力深厚

=======================================

尾酒味道不容置疑，如果你是威士忌愛好者，可以在這裏沉醉一整晚。調酒師也非常樂意與人交流，甚至菜單上沒有的雞尾酒他們也可以配出來。此外，這裏還有很多在外面喝不到的類，令這間酒吧更添獨特感。

日系酒吧風情

=======================================

裏的服務也非常周到，侍應會耐心地向客人介每款威士忌和雞尾酒的特色，根據你的口味推適合的飲品。在飲酒過程中，你會感受到賓至歸的體驗，享受一段難忘的時光。

室外庭園

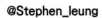

@Stephen_leung
這間酒吧無論是環境、飲品還是服務都達到頂級水平。它的低調和隱蔽讓它成為灣仔一顆隱藏的寶石，只有真正懂得品味的人才會發現並珍惜它。如果有機會一定要親自去體驗一下，感受這片城市中的綠洲所帶來的獨特魅力。

異國風情

肉丸意粉

Gochi

隱於平民住宅區的高質西餐廳

📍 樂富聯合道 198 號樂富廣場 A 區 UG&1 樓 L104A&B, L211-214 號舖
🕐 11:30~22:00
📞 26622969
🍴 $100-$200

相對於書中的其他餐廳，Gochi 可能大家未必聽過。第一次去這間餐廳的時候，給了我很大驚喜。我們當日因為準備在樂富附近行山，就打算先找地方吃點東西再出發。我們隨便進了一間餐廳用膳，誰不知在毫無預期下，這間餐廳竟然驚艷到我。

富是一個相對平民的住宅區，有名氣的餐廳一
不會選擇在這裏開業；但這間餐廳偏偏就選址
區，而且還是主打西餐的餐廳。從此店的經營
式就猜到是香港人打理，其出品性價比高，而
非常美味。我平時很少介紹本地人營運的西餐
，這間是例外。

手工意大利粉

==

天我們並沒有吃很多，只簡單點了一份早餐和
個意粉，這兩份餐點都做得相當不錯。早餐的
律和麵包正正常常沒甚麼特別，讓我驚艷的是
的**肉丸意粉**。意粉簡單來說就是高質，全部手
製作，香味濃郁，柔韌度適中，而且有別於一
意粉，它比較粗身，而且醬汁香濃。整體效果
對可以媲美酒店級數的意大利餐廳。從擺盤和
道來看，絕對是用心製作。

早餐製作認真

@Stephen_leung

如果聽到價錢，可能你會更加驚訝。這份
意粉只需 $100，以這個質素來說，我會
直接給滿分。在樂富有這麼高質的意粉
店，而且價錢親民，實在難得，所以不得
不推薦給大家。我有機會一定會再訪，遲
些也會試試其他出品。

異國風情

TIVOLI

長年保持簇新的鄉村風格意大利餐廳

📍 佐敦柯士甸道 130 號地舖
🕐 11:30~23:45
📞 23666424
💵 $200-$400

位於尖沙咀與佐敦之間的 TIVOLI 意大利餐廳，1972 年開業，以濃厚傳統意大利田園風味和浪漫的餐飲氛圍而聞名。它不僅在香港意大利飲界佔有一席之地，更是許多食客心中難以忘懷的味覺記憶。

走進 TIVOLI，首先映入眼簾的是經典的意大利鄉村裝潢風格。餐廳牆面塗上潔白油漆，天花板上垂掛的綠植與四周的裝飾配搭得天衣無縫，營造出置身於意大利鄉村般的愜意。每幾年餐廳會進行一次大翻新，以保持這種清新氛圍，這份細緻入微的用心，讓客人都能感受到老闆的誠意。

增添浪漫氛圍，餐廳在每張桌上擺了長長的紅蠟燭，當夜幕低垂，蠟點亮，整間餐廳被點綴得如同繁星點。這個小亮點不僅吸引情侶來慶特殊節日，也成為朋友聚會的熱門擇。老闆表示，這種傳統的堅持讓人在進餐時不僅享受到美食，更會這份獨特的氣氛深深吸引。

以紅酒醃製的水果

================================

物方面，TIVOLI 提供的不僅是美味意大利菜，更是一場視覺和味覺的宴。特別值得一提的是**蘋果橙**，這是普通的水果拼盤，而是經過紅酒製，這種獨特的處理方式讓水果散出迷人酒香。

牛柳餐

================================

僅如此，TIVOLI 的價格極具競爭。在尖沙咀區這樣的黃金地段能以此親民價格提供優質意大利菜，無是一大亮點。午市套餐價格更為合，使顧客能在不負擔過重的情況下受到高質量的餐飲體驗。

羊扒

@Stephen_leung
這家餐廳不僅以正宗意大利菜聞名，更因獨特的田園風情裝潢和浪漫氣氛而成為食客的心頭好。在香港這個美食之都，要在眾多意大利餐廳中脫穎而出絕非易事，TIVOLI 卻做到了，想必有其獨到之處。

自助餐

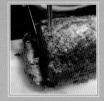

環球美食共冶一爐，
用一個價錢享受多國佳餚，
來一場美食盛宴。

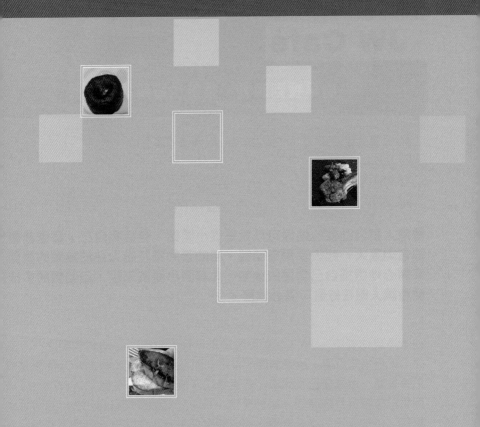

花蟹

自助餐

JW Café

由早餐到晚餐,重量也重質的自助餐

📍 金鐘金鐘道 88 號太古廣場香港 JW 萬豪酒店 5 樓
🕐 06:30~22:00
📞 28108366
💳 $400-$800

香港人對自助餐的熱愛可以說是從小開始,包括我自己,每逢喜慶節
都會與家人一起去享用自助餐。自助餐的獨特魅力在於熱鬧的氛圍
家開心地選擇自己喜愛的食物。尤其對小朋友來說,自助餐的多樣選
簡直讓人眼花繚亂,滿心歡喜。

在眾多自助餐中,JW Café 可說是香港最受歡迎的自助餐餐廳之一,簡
之,就是物有所值。萬豪酒店一直是一間穩陣的酒店,而 JW Café 更是旗
王牌餐廳。每逢節日及週末,這裏總是座無虛席,一位難求。JW Café 經
助餐已有相當長的時間,經驗豐富,是傳統自助餐餐廳的代表。這裏提供
早餐、午餐、下午茶及晚餐,還有週末早午餐。作為忠實顧客,我幾乎每
段的自助餐都試過。其中,最喜愛的是週末的早午餐時段和下午茶時段。

餐的菜式特別豐富，尤其是**海鮮**部分，除了常
的波士頓龍蝦、鱈場蟹腳、熟蝦、青口、粉絲
元貝，有時還會根據季節供應**花蟹**。由於海鮮
擇多樣且質量上乘，他們還提供即煮的**海鮮**
。名貴食材方面，自然少不了**鮑魚**、**片皮鴨**、
喱炒蟹、**乳鴿**和**海南雞**，這些菜餚的質量也相
穩定。晚市自助餐還會供應大大塊**花膠扒**，還
全港少數自助餐提供的**炆海參**，可説是香港最
氣的自助餐！

片皮鴨

=====================================

一個值得推薦的時段是週末下午茶，性價比極
，讓人驚喜。或許大家會認為下午茶自助餐的
物種類較少，但 JW Café 是個例外，不僅選
豐富，而且菜餚都精緻無比。下午茶竟然還有
膠燉湯，這在香港自助餐中可謂獨一無二。此
，還有新鮮製作的**點心**、**乳鴿**和**牛扒**。可以
，若論下午茶自助餐的質量，JW Café 絕對是
選。

花膠扒

炆海參

燒賣

@Stephen_leung
JW Café 不僅在食物質量上有保證，還能
提供多樣的選擇。這間餐廳無論在哪個時
段，都能讓人享受到豐富美味的自助餐，
無愧於香港最受歡迎自助餐餐廳的美譽。

自助餐

芝士焗龍蝦

Tiffin

在優雅寬敞環境下享用高質自助餐

📍 灣仔港灣道 1 號君悅酒店閣樓

🕐 12:00~22:00　　📞 25847722　　🧾 $400-$800

自助餐一直是本地人聚會和慶祝的首選，灣仔君悅酒店的 Tiffin 正是其中的翹楚。Tiffin 自助餐不僅提供多樣化選擇，而且每道菜餚都展現了細緻的烹飪技藝，讓人每次來都能感受到不同的驚喜。

作為灣仔君悅酒店的一部分，Tiffin 的環境絕對是一大賣點。一般自助餐給人的印象可能是人多擠迫，還需要排隊搶食物，但來到 Tiffin，你會自然被酒店的優雅氣氛感染。餐廳裝潢融入五星級酒店的富麗典雅，用餐氛圍相當放鬆。地方寬敞，走動空間也很充裕，完全沒有壓迫感。如果你想吃自助餐，但又要保持優雅，Tiffin 是一個非常不錯的選擇。

海鮮

此以外，Tiffin 還設有即席鋼琴演奏，鋼琴的
律增添了浪漫和高貴的感覺，讓你享受美食的
時，也能沉浸在音樂的美妙之中。值得一提的
餐廳使用的餐具也非常精緻，務求給予食客一
宮廷式的用餐體驗。

=======================================

鵝肝多士

物方面，Tiffin 的海鮮絕對是亮點之一。無論
波士頓龍蝦、阿拉斯加蟹腳，還是**生蠔**，每一
都讓人垂涎欲滴。特別是他們的生蠔，不僅新
，還提供多種調料，可以根據自己的喜好自由
配。那種鮮甜的味道，配上不同醬料，讓口腔
斥着生蠔獨有的鮮味。

=======================================

精美批餅

過一輪大魚大肉之後，必須拜訪他們的甜品
。酒店內的高質意大利餐廳 Grissini 也被我納
香港 100 間必到餐廳，他們的意大利甜品更
有一手。Tiffin 的甜品區還有各式各樣的蛋
、餅乾和糕點，每一款都精緻美味，讓你欲罷
能。無論是巧克力慕斯蛋糕還是水果塔，都讓
感受到甜蜜滋味。特別推薦他們的 Tiramisu，
滑細膩，濃郁的咖啡香氣與綿密的奶酪完美結
，絕對不容錯過。

橙酒班戟

@Stephen_leung
整體自助餐質素十分穩定，如果想要一個
萬無一失的自助餐體驗，Tiffin 是不錯的
選擇。優雅的環境、一流的服務和頂級的
美食，讓你每一次到訪都有美好的回憶。

自助餐

芝士

Brasserie on the Eighth & Nicholini's

兩大西餐廳聯合打造的週末早午自助餐

📍 金鐘金鐘道 88 號太古廣場香港港麗酒店 8 樓

🕐（Brasserie）週一至五 12:00~14:30、週六日 12:00~15:00（Nicholini's）
12:00~15:00、18:30~22:30

📞（Brasserie）28228803（Nicholini's）28228801

💵 $400-$800

**作為熱愛自助餐的人，我對週末的早午自助餐情有獨鍾。無論是大
店還是小酒店，我都樂於一試。而在眾多選擇中，位於港麗酒店
Brasserie + Nicholini's 的週末早午自助餐無疑是我首選。**

這個早午自助餐之所以特別，是因為只在週末供
應，並且是由兩間頂級酒店的西餐廳聯合打造，
雙劍合璧，主打意大利及法國風情。

於**芝士**愛好者來説，這裏無疑是天堂。餐廳設專門的芝士部門，儲存各式各樣的芝士，就像進了一個芝士小巷。這些芝士不僅供應自助，還分發給酒店其他餐廳使用，品質有保證。週末早午餐期間，有時還會有專業廚師現場講不同種類的芝士，讓大家享用美食的同時，也增加對芝士的了解。各種風味的芝士會搭配不同配料，無論是奶香濃郁的布里芝士，還是口感豐富的藍芝士，都能讓人心花怒放。

牛扒

===

菜部分的獨特安排也令人印象深刻。為保持食質素，餐廳不會將所有主菜一一擺出，而是選即點即做。這樣的安排不僅確保每道菜的鮮嫩美味，還增加了用餐的儀式感。我強烈推薦牛和羊架。**牛扒**肉質鮮嫩多汁，每一口都充滿了郁的肉香；**羊架**外脆內嫩，口感層次豐富，讓回味無窮。這樣的主菜無論是擺盤、用料還是品的效果，都無可挑剔。

羊架

===

廳的招牌——**自家製意大利粉**也是一大亮點。有意粉均由主廚每日新鮮製作，無論是醬汁還意大利雲吞，都完全遵循傳統製作方式，保留純正的意大利風味。加上時令的黑松露醬，這意大利粉可以説是自助餐中的頂級享受。

即煮意大利粉

@Stephen_leung
除了美食，餐廳的環境和服務也達到頂級水準。餐廳裝潢典雅大氣，無論是燈光設計還是家具擺設，都給人一種高貴典雅的感覺。服務人員訓練有素，態度親切友好，能夠細心滿足客人的需求。這樣的用餐環境和服務，讓每一次的早午自助餐體驗都成為一種享受。

各款凍海鮮

榴槤蓉

自助餐

The Market

強調特色和品質的破格自助餐

- 📍 尖沙咀科學館道 17 號唯港薈 2 樓
- 🕐 06:30~22:00
- 📞 34001388
- 💰 $400-$800

自助餐最大賣點是吸引不同的客人，因為食物選擇多樣，每個人都可找到自己喜愛的食物。然而，有些自助餐廳反而選擇走專門化路線，Market 就是一例，他們的自助餐同樣提供多元化美食，但更強調特色和品質。

我非常喜歡他們的海南雞飯和羊架，特別是**羊架**，每一份都是現場烹調，你可以告訴師傅喜歡的生熟度。他們使用的是新鮮頂級的澳洲和紐西蘭羊肉，羊肉味十足，喜歡吃羊的朋友不能錯過。**海南雞飯**以小碗盛載，不至於吃得太飽，但也能感受到雞肉的滑嫩。

到他們的王牌，一定非**榴槤**莫屬。沒錯，這間助餐餐廳反而走小眾路線，提供可說是香港獨的榴槤甜品，將榴槤的美味發揮到極致。他們提供全港唯一的榴槤下午茶，顯示酒店對自己榴槤出品抱極大信心。

凍龍蝦

==

到榴槤自助餐，就不得不提酒店的甜品主廚，有「榴槤王子」稱號的 Danny。他負責這個榴自助餐，並且是他提出引入不同種類的榴槤到星級自助餐中的。這在當時是個非常大膽的想，因為榴槤的味道相當獨特，並非每個人能接。The Market 最終決定引入榴槤自助餐，可說一次大膽而且成功的決定。直到今天，榴槤自餐已經成為這間酒店的招牌特色。

==

當想到吃榴槤，而且還能在自助餐中無限量享，就只有 The Market。榴槤種類會因應時節而變，大部分來自泰國、新加坡和馬來西亞，包知名的貓山王和 D24 等品種。榴槤主要集中甜品部分，有榴槤蓉、榴槤布甸、榴槤撻，甚還有榴槤雪糕，吸引了大量榴槤愛好者。

烤牛扒

@Stephen_leung
我也強烈建議大家試試 Godiva 軟雪糕，平時在專門店買要 $50 一杯，但在這裏可以無限量享用，是不是很划算呢？

蒸比目魚

自助餐

Café East

貴精不貴多之選

📍 尖沙咀麼地道 72 號千禧新世界香港酒店 1 樓
🕐 06:00~21:30
📞 23134222
💳 $400-$800

有觀賞我影片的觀眾應該都知道，我對自助餐情有獨鍾，並且曾介紹多香港及全球的自助餐。香港的自助餐一向以款式繁多及質量上乘聞名，而其中一間想推薦的是位於尖沙咀東的千禧新世界酒店的 Café East。

或許有人會認為自助餐總是千篇一律，菜餚繁多但質量參差不齊。然而，供一個高質素且食品種類豐富的自助餐，實屬不易，並且還涉及酒店餐廳本控制問題，在這裏我便不詳談了。談及 Café East，我最喜愛這間餐廳的在於它以各種主菜和熱食為主打，而不是追求種類繁多，但每道菜的質量到相當高的水準。

中較特別的菜式包括**蒸比目魚**。酒店選用的比
魚體型較大，蒸製的時間恰到好處，每次品嘗
非常細嫩，配以餐廳自製的蒸魚豉油，入口鮮
無比。而且比目魚幾乎無骨，特別適合長者
用。

=======================================

外，餐廳還供應**花膠鵝掌**和**鮑魚**這類名貴菜
，一般人可能認為只有在高級酒樓才能享用，
在 Café East 就可以無限量品嘗到，實在非常
見。

=======================================

一個不得不提的亮點是他們的**印度食品**。沒
，你沒看錯，這裏有印度籍廚師長駐製作正宗
印度美食，包括咖喱羊肉和各種蔬菜。上一次
去的時候，他們甚至還有現場製作印度奶茶，
實非常特別。

=======================================

然，豐富的甜品陣容也是這間餐廳的一大特
。現場即製的甜品種類繁多，包括**窩夫**和**心太**
等。此外，甜品部還會根據不同的主題供應各
甜品，令客人每次前來都能享受不同的驚喜。

鵝掌及鮑魚

印度奶茶

心太軟

@Stephen_leung
總括來說，以餐廳的質量及價位來說，我
認為 Café East 自助餐是香港眾多自助餐
中值得一試的選擇之一。

Café Kool

與各大經典品牌聯乘，別具創意

📍 尖沙咀麼地道 64 號九龍香格里拉大酒店閣樓
🕐 07:00~10:30、12:00~14:30、18:00~21:30
📞 27338753
💵 $400-$800

九龍香格里拉酒店的 Café Kool 能夠得到我的推崇，主要是因為其食物質素的穩定性。大家都知道，自助餐的菜式經常會因應季節而有所變化，但作為一間老牌五星酒店的自助餐，香格里拉多年來一直保持高質素，近年更是不斷創新，加入很多新元素。

次我光顧 Café Kool，他們推出經典懷舊系，與多家香港經典品牌合作，推出不同食品。如與**麥奀記**合作，結合其著名的雲吞麵；又例與**樹記**合作，將腐竹加入甜品中，還有本地頂粵菜館**鏞記燒鵝**提供多款燒味，讓食客眼前一。餐廳努力地不斷改進及加入大家喜愛的香港牌，確實增加了不少吸引力。此外也加入不少**土懷舊美食**，包括雞蛋仔、龜苓膏、涼茶，外國來的遊客都有機會品嘗本土美食，實在得。

==

助餐的賣點在於種類繁多的食物，而 Café ool 的自助餐在數量和款式上可說是佼佼者。無是中式、日式、印度咖喱還是西式料理，這裏有豐富的選擇。如果你喜歡現場即製的食物，裏亦能滿足需求，包括意大利粉、海鮮粥、心和天婦羅，最特別的是他們有一個室內烤肉，現場烤製羊架、牛扒和各款 BBQ 食品。

==

這裏用餐，每一次都能感受到高水準的服務和緻的食物。Café Kool 不僅提供多樣的菜式，且每道菜餚都充滿了用心的烹調和擺盤。廚師隊經驗豐富，能夠將每道菜的特色發揮得淋漓致。

@Stephen_leung
Café Kool 是一間能滿足你對自助餐所有期待的餐廳。無論是食材的選擇、菜式的多樣性還是服務水平，都達到非常高的標準。如果想要一次豐富而難忘的自助餐體驗，這裏是不二之選。

街坊小店

沒有連鎖店的千篇一律，

小店充滿人情味及個性，

菜式也獨樹一格。

飯焦脆如薯片 # 豉油精心調製

街坊小店

臘味牛肉煲仔飯

嚐囍煲仔小菜

師傅嚴格監控的高質煲仔飯

- 西環堅尼地城北街 25 號地舖
- 週一至日 05:00~22:00、假期 05:00~23:00
- 28196190
- $50-$100

香港有不少特色美食，而煲仔飯絕對是其中一項令人魂牽夢縈的經典美味。尤其在寒風瑟瑟的秋冬時節，街頭巷尾飄散着陣陣飯香，總教人垂涎三尺，恨不得立時品嚐一煲暖入心扉的煲仔飯。

煲仔飯之所以深受喜愛，除了那股獨特的「鑊氣」，更在於配料的多樣性，可以隨季節變化，演變出千變萬化的組合，滿足不同食客的口味和喜好。

最基本的臘腸肉餅飯、北菇滑雞飯，到現在更
究的，加入白鱔、鮑魚、花膠等矜貴食材的豪
版本，可謂各適其適，豐儉由人。無論是追求
統風味，還是偏愛新派創意，都能在煲仔飯的
界裏找到自己的心頭好。

==

於堅尼地城的嚐囍煲仔小菜，可謂城中數一數
的煲仔飯專門店。老闆兼主廚數十年來一直專
於鑽研煲仔飯的製作，對選材、火候、時間等
個環節都一絲不苟，務求將這道經典美食做到
致，讓食客品嘗到最正宗的煲仔飯風味。

==

囍的煲仔飯之所以與眾不同，在於其**飯焦**的獨
口感。他們的煲仔飯飯焦既香脆可口，又不會
厚黏底，入口薄脆如薯片，令人一試難忘。要
到如此完美的飯焦，除了講究火候控制，對水
比例和米飯的種類也有一定要求，缺一不可。
說，嚐囍的師傅會根據當天的濕度和溫度，調
煲仔飯的烹調時間和火候，確保每一煲飯都能
到最佳狀態。

==

飯焦

外，嚐囍的**豉油**也是特別調製，以數種醬油精
調配而成，質地較一般豉油清澈，不會過鹹，
色卻是同樣誘人，為煲仔飯增添一份獨特的香
和色澤，令人食指大動。

豉油

@Stephen_leung
總體而言，嚐囍的煲仔飯，無論是選材、
火候還是調味，都體現出師傅對煲仔飯
的熱愛和追求，絕對值得各位煲仔飯控
一試！

滷水鵝片

街坊小店

正潮樓

價格親民的鬧市潮州菜店

📍 灣仔謝斐道 117-119 號富通大廈地下 2 號舖
🕐 11:30~15:00、17:30~22:00
📞 21856718
💰 $200-$400

除了粵菜，其實我也非常喜歡潮州菜。當屯馬線開通時，我第一時間想到，如果我偶爾想吃潮州菜，前往九龍城品嘗幾家地道風味的潮州就更方便了。不過近來我在鬧市發現一家質素高且價格實惠的潮州館，成為我近年的心頭好。這家餐廳位於灣仔，名為正潮樓。

吃潮州菜當然不能不提滷水菜式。潮州滷水拼盤包含了多種滷水製品，如滷水鴨舌、滷水鵝腸和滷水豆腐。滷水味道濃郁但不過鹹，每一口都能感受到食材吸收了滷水的精華，特別是**滷水鵝片**，口感彈牙，不肥不瘦，纖維細緻，再吸收豐富的滷水汁，非常美味。

蠔餅是另一道潮州傳統小吃，蠔餅外皮金黃酥，內裏則是鮮嫩多汁的蠔肉，配上特製蘸醬，道更上一層樓。它的特別之處在於蠔仔特別大，爽口彈牙，而且蠔的鮮味可以完全保留，與餅的蛋香味完美融合。

==

炸蠔餅

到正潮樓，也不可錯過他們的潮州燉湯，即**老脯燉豬肚湯**。大家要知道老菜脯其實是一種醃食品，對身體相當有益，能釋放維他命 A 及有抗氧化作用，所以近年陳年老菜脯的價值不飆升。這道燉湯充分利用了老菜脯的功效，並其精華提取出來，味道香醇甘香，沒有半點苦，相當有特色。老菜脯經過長時間燉製，已經常軟嫩，分量也很慷慨，這道燉湯是冬天的不之選。

老菜脯燉豬肚湯

兩面黃

@Stephen_leung
其他傳統潮州菜，例如**兩面黃**，也做得相當出色。總括來說，這家餐廳水準穩定，而且沒有賣弄或者特意標高價格，相對較為親民，可以說是實而不華的潮州餐廳。

甜芋泥

羊肉湯麵

街坊小店

京香餃

經濟實惠，附近大學生喜愛飯堂之一

📍 西環西營盤皇后大道西 418 號地舖
🕐 11:00~21:30
📞 28030887
💰 $50-$100

西環是一個充滿驚喜的社區，這裏隱藏着許多不為外界廣泛知曉，食物質素卻卓越的小店。這些店多數是由老闆兼任廚師，因此每道菜都帶有獨特的個人風格。身為西環區土生土長的居民，我對這個地區有着深厚的感情，尤其談到尋找美味的餃子時，我總會想到京香餃這家小店。

香餃是一家由移居香港的上海人創立的餐廳，打傳統北方水餃。雖然位置略為偏遠，離地鐵有一段距離，卻是許多香港大學學生的餐飲選。

==

過多次光顧，我特別喜歡他們的**羊肉餃**或**羊肉子湯麵**。這裏的羊肉特別鮮嫩，味道濃郁，餃則分量十足，在寒冷的冬天，一碗熱氣騰騰的肉湯麵足以溫暖你的心胃。湯底味道豐富，讓每喝一口都很滿足。餃子的皮薄而有彈性，每都包裹着豐富的餡料，包製手工一流。

==

外，**香芹鮮肉水餃**和**山東白菜鮮肉水餃**同樣值一試。餃子售價親民，每份僅需 $47，白菜的甜與肉餡的鮮美完美融合，不油膩，每一口都對北方飲食文化的美好致敬。

==

據常客的推薦，他們的**醬爆雞丁**和**豬扒湯麵**也具特色，同樣值得一試。這些菜餚不僅味道出，還能讓你在繁忙的一天中找到一絲慰藉。

豆漿

@Stephen_leung
作為深受學生和街坊喜愛的小店，京香餃也提供價格實惠的午市套餐，三道菜僅需 $40，在現今面對通脹壓力，這樣的價格無疑極具吸引力。無論你是尋找一頓舒心午餐，或是想享受豐盛晚餐，西環這個老社區，藏有許多小而美的餐廳，總有一間合適。

濃湯雞鍋湯底

契爺鮮入圍煮

超濃郁的濃湯雞鍋湯底

📍 紅磡黃埔天地聚寶坊第 11 期地下 G26 號舖

🕐 17:30~23:30

📞 94987344

💰 $200-$400

當談到香港的飲食文化，打邊爐絕對是不可或缺的部分。我是個標準打邊爐愛好者，尤其是秋冬季節，總是會想起那熱騰騰的鍋裏燙着的牛和海鮮。

最近，有間火鍋店讓我特別心動，那就是契爺鮮入圍煮。這間火鍋店外觀看似普通，隱藏在黃埔的住宅區內，可能很多人未必知道。沒有分店，老闆堅持親自把關食材的質素，誠意十足。

到打邊爐，湯底是靈魂。大部分火鍋店的湯，不外乎是皮蛋芫荽、番茄薯仔，或者近年興的養生湯底，但這些湯底往往缺乏真正的精。而在契爺鮮入圍煮，他們的**濃湯雞鍋湯底**絕是無可挑剔的。湯底用慢火長時間熬製，加入華火腿、豬骨和大量雞骨，讓雞的鮮味完全融湯中。湯頭色澤像黃金般，沒有一絲雜質，每口都能感受到濃郁的雞湯味道，真的是超濃縮精華，比那些味精湯好上十倍。

特大野生竹笙

==

了湯底，餐廳對食材的選擇也是極其講究。他會根據季節搜羅最新鮮食材。例如那次我去的候，他們將特大的野生竹笙放進濃郁的雞湯，完全吸收了湯的精華，讓人回味無窮。而他們還會不時搜羅一些珍貴食材，如巨型花，這些食材在濃湯中煮過後，口感豐富，營養分。

大大片花膠

==

間火鍋店的服務也非常值得讚賞。店員對湯底食材的了解非常深，能夠給予顧客專業的建議貼心的服務。每次來到這裏，都能感受到他們細節的注重和對顧客的關懷。

特級鮮嫩牛肉

自家製手工餃子雲吞

@Stephen_leung
如果你也是邊爐愛好者，不妨來契爺鮮入圍煮試試，相信你一定會和我一樣，愛上這裏的美食和氛圍。

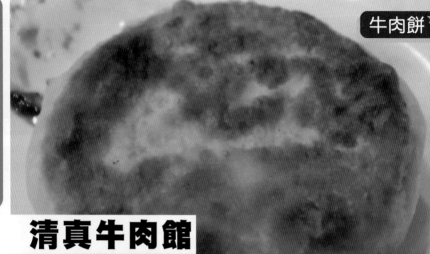

牛肉餅

街坊小店

清真牛肉館

九龍城中少眾的伊斯蘭清真菜

📍 九龍城打鼓嶺道 33-35 號地舖
🕐 11:00~22:30
📞 23821882
💰 $50-$100

九龍城區,香港的美食天堂,以豐富多元的飲食文化聞名遐邇,特別其「小泰國」的美譽,集中了眾多泰國及東南亞特色美食。在這樣的景下,清真牛肉館可說是區內的少眾,以正宗的清真美食享譽九龍城,吸引不少尋求真正伊斯蘭飲食的食客。

進入清真牛肉館的那一刻,立即被濃郁的羊肉和咖喱香氣迎面撲來,這種香氣瞬間點燃了味蕾的期待。店內裝潢簡樸,充滿東南亞風情,簡易的木製桌椅和掛飾透露出一種質樸而溫馨的氛圍,讓人彷彿置身異國街頭。

到必嚐的美食，非**牛肉餅**莫屬。這個牛肉餅的量令人驚喜，足夠滿足一個成年人的半餐食。外層煎至金黃微焦，帶有誘人的香氣，而內的牛肉餡則是豐富多汁。每咬一口，都能感受牛肉的鮮味及洋蔥的清甜，這種味道的融合，造出一個層次豐富且令人回味無窮的美食體。注意，這個牛肉餅的肉汁非常豐富，食用時小心熱湯汁溢出。

==

外**咖喱**亦值得一試。這裏的咖喱味道濃厚，經長時間熬煮，使香料味道完全滲透進肉質之，而不僅僅是表層。每一口咖喱牛肉都滲透出料與牛肉的完美融合，即使分量不大，都讓人到無比滿足。

咖喱牛肉

==

只是牛肉餅和咖喱，清真牛肉館還提供一系列真菜式，如美味的羊肉串、香辣的雞肉烤串和式各樣中東小食，每一道都按照嚴格的清真規精心製作，保證食客在享受美食的同時，也能合飲食宗教的要求。

酸辣湯

@Stephen_leung
清真牛肉館在九龍城的人氣非凡，不論是區內居民還是遠道而來的遊客，都樂於在這裏尋找一份屬於伊斯蘭的美味。因此，如果計劃來訪，建議做好排隊的心理準備；但相信我，這裏的每一道菜都值得等待。無論是尋找地道的牛肉餅，還是想體驗正宗的咖喱，清真牛肉館都能滿足你對食物的期待。

街坊小店

順興隆桂記荳品廠

其貌不揚卻很高質的豆花店

📍 長沙灣順寧道 451 號地舖
🕐 07:00~19:00
📞 23867743
💰 $50 以下
⚙️ 只收現金

說到豆花，大多數人會想到深水埗的公和，但順興隆同樣是老字號興隆的豆品製作方法承襲了有八十年歷史的老字號廖同合。1980 年創辦人廖桂清先生從家族老店出來，自創品牌順興隆。

你經過門口，可能會覺得其貌不揚，門口有少量軟硬豆腐出售，並不特別顯眼，但一進門，就會立刻被濃郁的豆香味吸引。門口不時還有煎釀豆腐售賣，讓人垂涎欲滴。

舖非常有特色，是傳統的前舖後居格局。前面放了幾張桌子，供顧客品嘗出品；中間有一張舊的辦公桌，用來接生意和聯絡客戶；最後，會隱約看到一個豆漿工場，這裏就是所有產品生產地，新鮮度無庸置疑。店舖採用加拿大黃作為主要原材料，品質有保證。

煎豆腐

==

豆腐質地輕盈，豆香味充足，香口有彈性，加少許魚肉餡料，我見過有朋友能一口氣吃八，真是誇張。

==

最喜歡的是他們的**熱豆腐花**。豆腐花滑溜無，不僅有豆香，還有一種停留在口腔中的細膩，讓你感受到它的香濃，然後慢慢溶化。一般豆腐花只講求順滑，但順興隆的豆腐花質地更深度，更讓你感覺到豆香的層次感，是一碗非有口感的豆腐花。

豆腐花

@Stephen_leung
來到順興隆，不妨欣賞一下店內的擺設，說不定會發現一些絕跡的古物。順興隆不僅是一家豆品店，更是一個保存和傳承傳統手藝的小天地，讓人感受到濃濃的人情味和歷史感。

街坊小店

潮味苑

樸實的街坊潮州菜店

📍 深水埗長沙灣道 254-258 號亞洲大廈地下 A 號舖
🕐 09:30~22:00
📞 26022789
💰 $100-$200

潮味苑位於熱鬧的深水埗區，是家專門提供潮州美食的小店，以親民價格和地道潮州料理廣獲好評。小店裝潢簡單無華，但充滿潮州鄉土氣息，讓人一走進店裏就立刻有種親切感。

走進潮味苑，首先映入眼簾的是擺滿各種食品的透明玻璃展示櫃，從豆腐、烏頭到墨魚等，各式食材經過處理，色澤誘人，令人垂涎三尺。這些食材不僅展示了潮州菜的多樣性，也體現了這家小店對食材新鮮度和品質的堅持。

這裏，滷水拼盤是不可或缺的菜餚，以多種滷食材組成，每一種都有獨特的香味和口感，是受潮州飲食文化的絕佳入門。特別推薦的是**滷鵝**，肉質鮮嫩且富有彈性，深度吸收了滷水的華，每一口都是滿足感的爆發。

滷水鵝

===

味苑的**煎蠔餅**是另一道必試佳餚。與一般的蠔不同，這裏採用半煎炸的方式製作，外層酥脆極，裏面則包含着飽滿的蠔仔，每一口都有蠔的鮮味和蛋香，這種獨特的烹飪方法讓人印象刻。

煎蠔餅

===

歡嘗試地方特色菜的話，**春菜腩肉**是一個不錯選擇。這個季節性菜餚將春菜的清新與腩肉的腴完美結合，以湯鍋形式呈現，肥而不膩的味讓人忍不住一口接一口。

春菜腩肉

===

味苑的**糖醋麵**，麵條兩面煎至金黃，食客可按人口味加入適量的糖或醋。這個簡單卻極具特的做法，使麵條的香味更突出，即使已經飽，也能輕鬆享用。

糖醋麵

@Stephen_leung
潮味苑雖然是家小店，但它提供的每一道菜都充滿潮州菜的傳統精髓和家鄉的味道。環境雖然簡單，但高性價比和地道的美食贏得了街坊的心，是真正的潮州料理寶藏。

街坊小店

楊枝甘露

糖水雄

傳統與創意並傳的糖水店

📍 佐敦渡船角文匯街 30 號文景樓地舖

🕐 週二至日 17:30~01:30
休週一

📞 27714628

💰 $50 以下

佐敦渡船角食肆何其多，要做到出名，談何容易。我曾經在附近居住，所以非常熟悉這一區。大概五年前，佐敦有一間名為糖水雄的小店，位置算是最差，對着停車場，平時人流不多，只有居民才知道。起初我並不看好這間小店，經常見它門可羅雀，但令人驚訝的是，它愈做愈好，甚至成為今天許多人慕名而來的糖水店。

水雄由父子兩人經營，店舖內既有傳統甜品，有很多創新甜品。一般紅豆沙、芝麻糊是必備，可以説是上一代的承傳。自從兒子加入，開發掘創意產品，例如腐竹沙冰、炸魚蛋加雪、燒賣加朱古力。起初可能會覺得這些組合很怪，但不得不佩服，原來這些創意甜品也有很人喜歡。某程度上，這也展現了香港人靈活多、敢於嘗試的態度。

富有香港特色的餐牌

===

我來説，新舊融合、有新意同時也要兼顧傳統道，這點非常重要。有兩款甜品是我特別喜歡。第一款是**楊枝甘露**，用料不吝嗇，無論是芒還是西柚粒都相當足料。店家選用最靚的青甜果，酸酸甜甜，是夏日消暑首選。

紫米露涼粉

===

一款是**紫米露涼粉**，他們選用較為優質的泰國米，雖然成本增加，但爸爸堅持選用最好的材，令這個看似平平無奇的糖水增添了一份柔軟甜的味道。

@Stephen_leung
糖水雄的成功不僅在於他們的甜品美味，還有他們對傳統與創新的雙重堅持。他們的故事告訴我們，即使在競爭激烈的環境中，只要用心經營，堅持品質，富有創新思維，也能闖出一片天地。

街坊小店

滷鵝至尊

以誘人色澤吸引食客目光的滷水專門店

📍 佐敦上海街 91 號地舖
🕐 10:30~21:30
📞 60642800
💵 $50-$100

位於佐敦這個充滿活力的社區裏,「滷鵝至尊」以精湛的滷味工藝而聲名遠播。這家看似不起眼的小店,憑藉高品質的食材和獨特的滷製方法,成功吸引無數饕客的目光和味蕾。儘管店舖不大,但每到用餐時段,總能見到食客在此排隊等候,顯示出它的受歡迎程度。

內裝潢樸素，所有焦點都集中在那明示展示櫃上。櫃內陳列着各種精心製的食材，從經典的豆腐、雞蛋和皮，到更為特別的牛筋和雞翼，每項都閃耀着誘人的滷水光澤，讓人以抗拒。

到不容錯過的菜餚，**招牌滷水拼盤**說是心水之選。拼盤包含多種滷，每種食材味道濃郁，而不過於重。特別值得一提的是他們的牛筋，僅質地柔軟，富有彈性，還能夠深地吸收滷水精華，令人回味無窮。

我每次都會必買他們的**滷水鵝片**。傅刀工純熟，每一片都切得厚薄適。鵝肉的味道不單調，滷水香味富層次，初嘗似乎輕柔，但隨後慢慢發出的滷水香讓人忍不住一再品。這種滷水的複雜味道和鵝肉的鮮相結合，形成令人難忘的佳餚。

@Stephen_leung
滷鵝至尊算是滷水小店中做得比較細緻的一間，最難得是這裏沒有嘈雜喧嘩的環境，給人一種親切的氛圍。他們的出品非常穩定，滷水味道簡單直接沒有花巧。總之每次想買滷味，我都會想到這一間。

街坊小店

蘇山雞飯

贏盡口碑的正宗星馬菜餐廳

📍 （長沙灣店）元州街 411 號義華大廈地舖
🕐 11:00~22:00
📞 56488622
💰 $50-$100

在香港，東南亞菜系一直有其忠實捧場客，特別是近年星馬菜式在香港餐飲界崛起，新開的星馬菜小店如雨後春筍。當中以海南雞飯最受歡迎，網上甚至出現專門的討論群組，可見香港人對這道菜的熱愛。

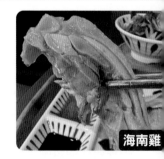

海南雞

位於荔枝角的蘇山雞飯，自開業以來憑穩定的食品質素和正宗的東南亞式而受到食客追捧。這家餐廳以海雞飯、喇沙和咖喱等為主打，在短短幾年已贏得良好口碑。

喇沙

================================

特別鍾愛他們的**招牌海南雞飯**。餐提供文昌雞和三黃雞兩種選擇，其以三黃雞製成的海南雞飯最為出。這種雞肉質地嫩滑，每一塊雞肉極具質感，且完全無骨，吃得方便滿足。此外，他們的海南雞飯採用油飯，每粒米飯都被雞油均勻包，使飯粒香Q彈牙，配上滑嫩的雞，每一口都充滿東南亞風味。

================================

得一提的還有他們的**肉骨茶**。這家廳採用新加坡風格，用豬骨和豬肋搭配白胡椒粒和原粒蒜頭熬製，湯清澈，胡椒味濃郁，是冷天裏的一慰藉。

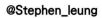

@Stephen_leung
蘇山雞飯的海南雞飯在香港來說水平相當高，甚至在某些方面超越了新加坡的同類餐廳。加上合理的價格，完全顛覆了「便宜無好貨」的說法，證明香港同樣擁有高品質且價格親民的美食選擇。

蔬菜生果咖喱

街坊小店

澳門咖喱王新鮮腩

以創新咖喱打響名堂

📍 佐敦白加士街 63 號地舖
🕐 07:30~22:00
📞 27560303
💳 $50-$100

說到咖喱，相信不少人都會想起那香氣撲
鼻、辛辣惹味的印度咖喱，或是味道濃
郁、口感醇厚的日式咖喱。然而，在佐敦
白加士街，卻隱藏着一家以獨特果香咖喱
聞名的澳門咖喱王新鮮腩，以新鮮蔬果入
饌，打破傳統咖喱框架，為食客帶來耳目
一新的體驗。

門咖喱王新鮮腩的咖喱款式選擇眾，其中最為推薦的莫過於**蔬菜生果喱**。店家每日選用新鮮當造的蔬，配合多種香料精心熬製，令咖喱發出自然的香甜，入口清新開胃，全沒有傳統咖喱的厚重感，即使在炎夏日也能輕鬆享用。

===============================

與果香咖喱最為搭配的食材，非羊莫屬。店家選用來自紐西蘭的優質肉，肉質鮮嫩無羶味，與清新香甜果香咖喱可謂相得益彰，令人回味窮。此外，店家對羊肉的處理也十講究，羊腩肥瘦適中，炆煮得軟腍味，每一口都是滿滿的幸福感。

===============================

了招牌果香咖喱，這裏的新鮮**牛腩**是一大特色。店家每日從街市購入腩，並堅持新鮮製作，售完即止，確保食客能品嘗到最鮮味的食材。中，爽腩和崩沙腩更是供不應求，嚐鮮的話記得早點光顧。

清湯牛腩河

===============================

外，店家亦提供**清湯牛腩河**，以牛熬製的湯底清澈鮮甜，不油不膩，上爽滑的河粉，簡單卻美味，絕對果香咖喱以外的另一個好選擇。

@Stephen_leung
澳門咖喱王新鮮腩以獨特的果香咖喱，以及新鮮美味的食材，在眾多咖喱店中脫穎而出，為食客帶來與別不同的咖喱體驗，絕對值得一試。

街坊小店

合成糖水

九龍城特色糖水店

- 九龍城龍崗道 9 號地舖
- 週二至日 15:00~00:00
  休週一
- 23833026
- $50 以下

如果你是我的忠實觀眾，應該知道我小時候在西環成長。西環區有一相當出名的糖水店，叫做「源記糖水」，可以說是我從小吃到大的地不幸的是，這家店在疫情期間光榮結業，我的童年回憶也只能成為往

不過在九龍城區，還有一間相當有特色的糖水舖值得介紹，就是「合成糖水已有 50 多年歷史。每逢週末或晚上，這裏總是吸引許多人特地開車過來，品嘗他們的糖水。嚴格來說，這是一間潮州式糖水舖。潮州糖水主要以薏腐竹、蓮子等材料混合而成，味道相對清淡，但材料豐富，每種食材都有的口味，所以絕對擁有忠實顧客。

裏的糖水非常足料，一般會有三種或以上配，層次豐富。其中以蓮子最為出名，幾乎每款水都有蓮子，因此有「蓮子大王」的美名。老對處理蓮子的工序極為講究，每天親手洗淨去，再用冰糖熬煮 6 至 7 小時，使蓮子口感鬆綿密。這裏最特別的食材還數潮州特有的清心，有清熱消暑作用。

腐竹薏米糖水

===

幾款糖水是必嚐的，包括**腐竹薏米糖水**。他們腐竹是新鮮製造，豆味十足，煮成糖水後近乎掉，香滑無比，配以薏米，清熱潤喉。我建議道糖水最好點熱的，因為冷的會加入冰塊，會微減低糖水的濃度。

蓮子薏米百合

===

一款我經常吃的是**蓮子薏米百合**，三樣材料加一起，口感細膩，不會太甜。蓮子入口即溶，像在口中融化一樣，加上淡淡的糖水，生津渴。

@Stephen_leung
合成糖水的存在，讓我在九龍城區找到另一種童年味道。無論是新鮮製作的腐竹薏米糖水，還是口感獨特的蓮子薏米百合，都讓我感受到這間老店的用心與特色。希望更多人能夠品嘗這個隱藏在九龍城區的糖水寶藏。

街坊小店

小法包

添記法式三文治

傳統越南法包小店

📍 佐敦渡船角文苑街 30 號文耀樓地下 A 號舖
🕐 11:00~22:00
📞 23857939
💰 $50 以下

大家有否去過越南旅行？當地人最普遍食用的就是越南粉，而另一樣能錯過的就是越南法包。越南曾經是法國殖民地，因此或多或少會沾到一些法國氣息，越南法包就是其中之一。佐敦有一間屹立近半世紀隱世小店，專門提供這款越南傳統美食，那就是「添記法式三文治」

一走進小店，會感受到這間店彷彿是一間日本小店，乾淨整齊，由經營到製作全部由老闆親自打理。一間小小的麵包店，牆上掛滿多年來的訪問、相片和獎狀，很有年代感。

記法式三文治有何特別之處？就是他們自行加的越式法包。據悉，他們的法包是由一間麵包多年來供應，不過到店後會經過烤焗，使麵包加鬆脆。

==

客**小法包**，內有嚼肉、扎肉、五香腩肉、鹹豬肉、青瓜、酸醃甘筍、番茄，單看賣相已經分十足。嚼肉製作比較繁複，先將豬肝洗淨，再味蒸煮過後冷藏切條，誠意十足。扎肉和五香肉更是經過多道工序精心製作，味道豐富。烤的小法包表面乾身，內部鬆軟。雖然材料很，但由於配上大量酸醃甘筍，反而更加開胃。一口都是多層次的口感，令人食指大動。

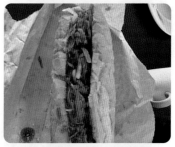

==

舖雖然細小，但也有幾張小凳，方便一些喜歡製即吃的顧客。這種親切的小店氛圍，讓人感到家的溫暖與舒適。

@Stephen_leung

小店也得面對通脹壓力，一個大法包需要 $90，對於普羅大眾來說，價錢並不便宜。希望他們可以繼續努力保持質素，讓更多人可以品嘗到這份獨特的越南風味。這種匠心製作和傳統風味的結合，實在是都市中一份難得的美味體驗。

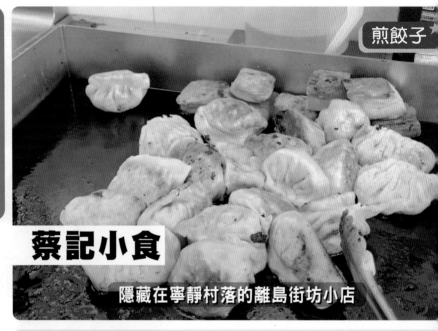

煎餃子

街坊小店

蔡記小食

隱藏在寧靜村落的離島街坊小店

📍 南丫島榕樹灣後街地舖
🕐 08:00~20:00
📞 29828566
🏷 $50 以下
⚙ 只收現金

香港離島風光秀麗，空氣清新，是週末及假期遠足的理想地點。南丫是其中一個熱門選擇，除了可以欣賞迷人的海岸線，更可以品嘗地道海鮮美食。然而，相比起遊客絡繹不絕的海鮮餐廳，我更偏愛隱藏在寧靜村落中的一家街坊小店 —— 蔡記小食。

蔡記小食距離熱鬧的碼頭有一段距離，每次到南丫島遠足，這家小店都是我補充體力的補給站。店內提供的食物款式雖然簡單，但勝在充滿地道風味，而且全部由老闆親手製作，讓人在品嘗美食的同時，也能感受濃濃的人情味。

果在炎炎夏日，我最推薦的莫過於他們自家製
的**豆漿**。採用新鮮黃豆磨製，不添加任何雜
，口感香滑，豆香濃郁。最難得的是，只需數
便可享用，而且還可以無限添飲，實在是遠足
消暑解渴的最佳選擇。

豆漿

==

了豆漿，蔡記的**煎餃子**也是我的心頭好。他們
煎餃子體積比一般的大，餡料豐富飽滿，在市
食肆可不容易找到。老闆娘說，他們每天都用
準備食材，務求讓每位食客都能夠嚐到滿滿的
意。

==

粉是不少香港人的童年回憶，以前夏天時，總
到街市買一碗涼粉，加上少許花奶，清涼解
。蔡記也有供應自家製涼粉，而且價格相宜。

涼粉

@Stephen_leung

在炎熱的夏季，老闆娘仍然堅持每天在店
內開放式廚房裏製作美食，實在令人敬
佩。如果你有機會到南丫島遠足，不妨到
蔡記小食品嘗一下他們用心製作的美食，
感受一下香港傳統小店的溫暖人情吧！

街坊小店

每日

超值的全日素食自助餐

📍 尖沙咀山林道 10-12 號山林閣地舖
🕐 11:45~22:00
📞 25702266
💰 $100-$200

**每逢節日過後，會否為連續幾天的節日大餐產生罪惡感？想來一頓清
的素食，又不想虧待自己的胃？近年，香港的素食自助餐越來越
迎，而尖沙咀的「每日」就是我的私藏推薦！**

「每日」提供全日素食自助餐，最划算的下午茶
只需 $78，就能享用過百款美食，絕對超值！
從新鮮的蔬菜沙律、香口的煎炸食品，到熱騰騰
的主菜和精緻的甜品，更有令人懷念的芝麻卷、
白糖糕等懷舊美食，應有盡有，滿足不同人的
口味。

讓我驚喜的是招牌菜**香煎腐皮卷**，外皮煎得金酥脆，內餡飽滿多汁，配上特製醬汁，讓人回無窮。

==

品方面也毫不遜色，多款自家製飲品如**羅漢果**、**水果茶**，以及每日煲煮的**湯品**，都讓人感受店家的用心。

==

每日」的用心不僅體現在多元的選擇上，更表出對食材的堅持。店家悉心挑選新鮮優質的蔬和豆類，堅持不使用代肉，以簡單食材變化出款美味料理，讓人驚嘆素食也可以如此豐富多。餐廳更會不時轉換菜式，推出創意小食，例最近推出的**燕麥蘋果**，酸酸甜甜，非常開胃。得一提的是，「每日」的菜式偏向清淡，少油鹽，符合現代人追求健康的飲食理念，適合長和素食者。

燕麥蘋果

@Stephen_leung
我去過幾次，每次都能感受到輕鬆舒適的用餐氛圍，跟朋友和家人聊天吃飯，非常寫意，難怪許多街坊都成為「每日」的忠實粉絲，每月都要光顧好幾次。總括來說，「每日」素食自助餐價格親民，款式多元，而且用心製作，用料新鮮，是素食愛好者的福音。如果你也想在享受美食的同時，感受一絲清爽和健康，「每日」值得你一試！

芝麻卷

街頭美食、茶餐廳

香港最具代表性的庶民美食，
由雞蛋仔、奶茶到菠蘿包，
都是本地人以至遊客最愛。

街頭美食／茶餐廳

酥皮蛋撻

祥興咖啡室

茶餐廳的原味道

📍 跑馬地奕蔭街 9-11 號地舖
🕐 07:00~16:30
📞 25725097
💰 $50-$100

如果要選出香港的四大代表食物，菠蘿包、奶茶、蛋撻和西多士絕對當仁不讓。今天，我要和大家聊聊蛋撻。我敢說，作為香港人，從小大一定吃過無數蛋撻。無論你是愛酥皮還是餅皮，總有一款適合你。港人對蛋撻的熱愛程度可以說是瘋狂的，只要有好吃的蛋撻，大家就像蜜蜂見到花一樣被吸引視線。

跑馬地的祥興咖啡室擁有超過 70 年歷史，是附近居民吃早餐和下午茶的好處。我喜歡這家茶餐廳的原因是它保留了原汁原味，無論是地板上的磚塊、牆上的老照片，還是懷舊的汽水機，全部都完好無損。走進茶餐廳就像走進時光隧道，彷彿回到香港的黃金年代。更棒的是，這裏不用拼桌，兩個人來也能享受一整張卡位，這種待遇在其他茶餐廳可是難得一見。

回食物，這裏的奶茶和蛋撻是無敵的。雖然我
愛餅皮蛋撻，但這裏的**酥皮蛋撻**讓我大開眼
界。每個蛋撻都是熱騰騰的，蛋香味濃郁，酥皮
又酥又脆，這樣的美味讓我每次都忍不住吃上幾
個才罷休。對於我這個只愛餅皮蛋撻的人來説，
這裏的酥皮蛋撻是唯一讓我改變心意的存在。

奶茶

==

蛋撻的最佳搭檔當然是香滑奶茶。這裏的**奶茶**香
濃，茶味濃郁而不澀，茶葉還有回甘的味道。一
口蛋撻，一口奶茶，這才是真正的香港下午茶精
神，方便、簡單又滿足。

==

菠蘿油

此外，不得不提的還有他們的菠蘿包。相比起其
他茶餐廳，這裏的菠蘿包外形就像半個氣球一
樣，脹鼓鼓的。外層酥脆無比，麵包則軟熟得像
雲朵。我私心推薦**菠蘿油**，雖然膽固醇爆燈，但
實在太好吃。加入一片軟滑牛油，牛油在菠蘿包
裏慢慢溶化，香味滲透到麵包中，這種軟綿滑溜
口感讓人欲罷不能，真的是邪惡無比。

充滿懷舊氣息

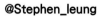
@Stephen_leung
如果你想品嘗真正地道的茶餐廳味道，這
裏的蛋撻、奶茶和菠蘿包絕對不容錯過。

街頭美食＼茶餐廳

豬扒包 ★

半島冰室

被評選為香港最好吃茶餐廳之一

📍 北角炮台山宏安道 14-28 號威德閣地下 2 號舖

🕐 週一至六 06:30~18:00
休週日

📞 25668030

💰 $50-$100

茶餐廳可謂香港飲食文化的代表。每個香港人幾乎都必定光顧過茶餐廳，對許多人來說，茶餐廳更是日常生活中不可或缺的一部分。茶餐廳滿足了香港人對快速和高效的需求，以平價提供溫飽，解決了許多人的一日三餐。近年茶餐廳更成為遊客來港必到的地方之一，也是體驗香港飲食文化的一大重點。

叉燒蛋

年來，許多新興茶餐廳崛起，半島
室便是其中之一。這家茶餐廳位於
角，位置隱蔽，主要服務附近居
。然而，由於其高質量、分量足的
物，近來名聲大噪，被評為香港最
吃的茶餐廳之一。

================================

島冰室提供多樣化的午市套餐及下
茶選擇。我當天品嘗的下午茶**叉燒
飯**，分量相當慷慨。叉燒與煎蛋搭
大量葱油，香氣撲鼻，完全符合香
人的口味偏好。分量之大，足以作
一頓午餐。

================================

外，**豬扒包**更是必試之選。一般的
扒包大家可能都吃過，但這裏的豬
包特別之處在於加上一隻半熟煎
。豬扒肉質鮮嫩，配上軟滑的蛋
，味道豐富。特別是，豬扒包的外
稍微煎香，口感和風味更加提升。

@Stephen_leung
來此用餐需要做好排隊的心理
準備。除了堂食，也有不少顧
客選擇外賣。因此即使在經濟
環境欠佳的情況下，這裏依然
門庭若市。另外，茶餐廳只提
供早餐、午市和下午茶，不設
晚市，這一點要注意。半島茶
餐廳以高質量的食物吸引了大
批忠實顧客，雖然要排隊，但
絕對值得一試。

雞蛋仔

街頭美食／茶餐廳

低調高手大街小食

在小食店少林寺屹立的雞蛋仔名店

📍 筲箕灣東大街 76A 號地下 B3 號舖

🕐 13:00~21:00

📞 55924100

💰 $50 以下

雞蛋仔可說是香港小食代表，自有其獨特地位。多年來雞蛋仔的變化不大，材料簡單，製作亦毋須太多功夫，但一直以來都是香港人的 Comfort food。由街邊小食，到酒店自助餐，就連飛機餐都見其蹤影。

到底哪一間最具代表性？哪一間是自己心頭好？為了這個問題，我也糾結了很久。雞蛋仔從小吃到大，店舖之多真是數之不盡，有些從小吃到大，但最終逃不過結業命運，不過也有很多新店舖成功俘虜食客的心。

果要選最好吃的幾間，這裏必定是我其中一間
水選擇，那就是近年漸露頭角的小食店「低調
手大街小食」，有接近 15 年歷史，在有號稱
小食店少林寺」的筲箕灣東大街上經營，想必
定有相當實力，才可以在這裏紮根。

==

我經驗，要製作好吃的**雞蛋仔**最重要有兩個元
，一是蛋漿，另一樣就是心機。低調高手的雞
仔，蛋漿毫無疑問是真材實料，將雞蛋仔放進
裏，你會感受到濃郁的蛋香味，絕無添加任何
粉，外脆內軟，質地略帶煙韌，而且不會有空
情況出現，水準平均。

==

說心機，這裏堅持出品要高品質，不會因為人
而粗製濫造，每一底雞蛋仔都會花時間吹乾，
會即刻放進袋裏，以免令雞蛋仔變得軟腍。

@Stephen_leung
雞蛋仔以外，我也很喜歡**夾餅**。蛋漿跟雞
蛋仔相同，但會加入花生醬和砂糖，是小
時候的最愛，一個人可以吃一整塊。不過
現在我比較喜歡雞蛋仔，始終人大了，不
能吃太甜啦！

迷你叉燒包

街頭美食／茶餐廳

聖羅蘭餅屋

充滿人情味的良心街坊麵包店

📍 （西營盤店）皇后大道西 293 號地舖
🕐 06:30~22:30
📞 21519703
🍴 $50 以下

我從小在西環的東邊街住了約十年，對西環的事物非常熟悉。西環是個充滿濃厚人情味的小社區，以前等校車的時候，我常和附近的海味職員聊天，這讓我對這裏有更多的了解和感情。西環有許多親民小店，其中一間就是聖羅蘭餅店。

聖羅蘭餅店是一間家庭式經營的小型麵包店。拍攝 YouTube 的這四年間，感受到，相對於頂級五星酒店和大集團，街坊小店更有濃厚人情味。近年香港物價通脹讓不少餐廳和民生小店都不得不加價；然而，聖羅蘭餅店竟然持兩三元一個麵包，真的非常難得。這種親民的價格讓人感覺到店主對街坊的關愛。

羅蘭餅店有不少好吃的招牌包點，其中最吸引
的是**蛋撻**。大家都知道我喜歡吃餅皮蛋撻，這
的蛋撻外層酥脆乾身，蛋黃香滑且分量飽滿，
一口都充滿濃郁蛋香味卻而不膩。吃一個蛋
，配一杯奶茶，就是經典的港式下午茶。

蛋撻

==

了照顧舊街坊口味，聖羅蘭餅店有很多款**舊式
包**，例如椰絲包、雞批和紙包蛋糕，這些都是
一般連鎖麵包店難以找到的。這種兒時回憶，
一口咬下去，都是一段往事的重現。而且，所
包點都是現場即製，熱騰騰地買來吃，讓人感
到麵包的原味道和店家的人情味。

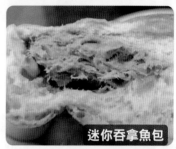

迷你吞拿魚包

==

羅蘭餅店的店主和員工都非常親切，每一次光
都像是回到家一樣。他們總是面帶微笑，耐心
介紹每款包點，這種溫暖的服務讓人感到非常
服和貼心。

丹麥條

迷你芝士牛肉包

@Stephen_leung
如果你有機會來到西環，記得來這間充滿
人情味的聖羅蘭餅店看看吧！每一口麵包
都帶着溫暖的回憶，讓你感受到這個小社
區的獨特魅力。這裏的每款包點都是精心
製作和誠意之作，相信你一定會愛上這間
小店，體驗到西環獨有的溫暖和美好。

竹蔗水

街頭美食／茶餐廳

公利真料竹蔗水

味道最純正天然的竹蔗水

📍 中環蘇豪荷李活道 60 號地舖

🕐 週二至日 11:00~21:00
休週一

📞 25443571

🏷 $50 以下

⚙ 只收現金

公利真料竹蔗水於 1948 年創立，至今已有超過 70 年歷史，主打真料自家製涼茶！作為老字號涼茶舖，除了有多款古法傳統涼茶，亦推出創新產品，包括蔗汁啤酒、蔗汁糖等。

店家的**竹蔗水**選用新鮮的竹蔗和茅根，經過多道工序熬製而成。在這個速食時代，公利依然堅持每天新鮮熬煮，確保喝下去的每一口都是最純正味道。公利的竹蔗水呈淡黃色，透亮清澈，打開瓶蓋，一股清新的甘甜氣息撲鼻而來，那是竹蔗

茅根的天然香氣。輕呷一口，甘甜中帶有微微草本氣息，竹蔗的甜味自然純正，與茅根的清相得益彰，沒有一絲人工甜味的感覺。竹蔗水口感非常順滑，清涼解渴，特別適合炎炎夏日用。相比市面上許多添加了大量糖分的飲品，利竹蔗水的甜度適中，讓人喝完後有一種清爽感覺。

==

蔗水不僅是解渴飲品，更是具有多種健康功效涼茶，竹蔗和茅根具有清熱解毒、潤肺止咳的用，特別適合在炎熱天氣或喉嚨不適時飲用。外，竹蔗水還能幫助消化，對於平日飲食油膩人來說，是一種非常好的調理飲品。

==

利竹蔗水的價格相對於一般的市售飲品略高，考慮到其真材實料和傳統手工製作的工藝，這價格是非常值得的，每一杯竹蔗水背後都是店對品質的堅持和對顧客健康的關愛。

@Stephen_leung
公利的竹蔗水是一款集合了傳統工藝、健康功效和絕佳口感的優質飲品。在這個速食和人工添加劑泛濫的時代，能夠喝到這樣一杯純正的竹蔗水，無疑是一種享受和幸福。無論是本地人還是遊客，都不妨到店品嘗一下這款百年老店的經典之作，體驗那一份自然甘甜的美好。

街頭美食／茶餐廳

新桂香燒臘

遠近馳名的叉燒名店

📍 柴灣柴灣道 345 號金源洋樓 C 座地下 17 號舖
🕐 08:00~19:00
📞 25561183
💵 $50-$100

新桂香的叉燒確實是香港馳名，也是柴灣區引以自豪的燒臘店，吸引多人專程駕車前來購買。新桂香的叉燒之所以如此受歡迎，主要是因用料上乘和烹調技術出色。

新桂香選用上等的豬肉和其他原材料，確保各種燒味的品質達到最高標準。特別是**叉燒**，選用肥瘦均勻的梅頭肉，這樣既能保持肉質嫩滑，又能有入口即化的口感。

製醃料是新桂香叉燒的一大特色。他們有獨家醃製配方，通常包括蜂蜜、醬油、五香粉等多香料。這些秘製醃料使叉燒在烤製過程中能夠分入味，外層形成一層誘人的焦糖色蜜汁，味香甜而不膩。

==

候的掌控也是決定燒味口感的關鍵因素。新桂的師傅經驗豐富，在烤製過程中不斷翻轉燒，確保受熱均勻，表面微焦，內裏嫩滑，達到美的口感平衡。這種精湛的技藝是多年經驗累的成果。

叉燒

==

了叉燒，新桂香還提供燒鵝、燒肉、白切雞等種燒味，以滿足不同食客的口味。每一款都有獨特風味，同樣值得一試。

==

曾經在影片中對比過多家叉燒名店，發現新桂的叉燒確實肥瘦均勻，表現優於其他名店。而新桂香的價格合理，性價比極高。所以想品嘗叉燒，不妨試試新桂香，保證不會令你失望。

@Stephen_leung

無論你是叉燒的忠實粉絲，還是想體驗一下地道燒味，新桂香都是一個絕佳的選擇。建議避開高峰時段前往，或提前訂位，這樣可以更輕鬆地享用美食。希望你在新桂香能找到屬於自己的美味回憶。

燒賣★

街頭美食／茶餐廳

呂仔記

以純魚肉手打製作的燒賣

📍 筲箕灣東大街 28-40A 號東興大廈地下 1 號舖
🕐 週二至日 13:00~22:00
　 休週一
📞 28858590
💰 $50 以下

大家一邊看着本書，不知道有沒有留意到還有一樣香港的街邊小吃沒介紹，那就是燒賣。我在中學的時候，下學後久不久就會買魚蛋和燒賣來吃。

我覺得香港做的燒賣已經達到登峰造極境界，你能想到的質地和味道都有，最常見的是魚肉燒賣、魚蓉燒賣，炸的蒸的全部都有，配上風味獨特的辣椒醬，全世界應該只有香港做得最好，每個人都會找到適合自己的口味。

到我自己，會比較喜歡筲箕灣東大街的一間老……以前有一段時間在北角讀書，有很多同學在…魚涌、筲箕灣居住，每逢去敘舊我都必定光顧…間小食店。呂仔記有 40 年歷史，起初由爸爸…深水埗街邊車仔舖開始經營，後來搬到東大街…邊。

====================================

…仔記的**燒賣**有獨特的製作方法，以傳統潮州手…魚蛋的方法製作。最特別的地方是材料，店家…會混入任何其他材料，而是用純魚肉製作，並…非常講究，採用中小型的黃門鱔，這種魚肉比…厚，而且彈性十足，味道清甜，絕非一般工場…糰燒賣可以媲美，配上秘製辣椒油更為完美。…使價錢比外面的貴，$19 只有四粒，我仍然覺…物有所值。

燒賣每日新鮮製作

====================================

…時候如果肚餓，我也會點一道**魚肉生菜湯**。魚…新鮮製作，加上生菜和熱湯，味道清甜不油…。加上幾粒燒賣，對於當時我這個中學生來…，已是一頓滿足的午餐。

秘製辣椒醬

@Stephen_leung
呂仔記由呂氏兄弟兩人掌管，絕不假手於人，所以質量相當穩定。如果你有機會去筲箕灣東大街，一定要試試他們的燒賣。這種傳統手藝和用心製作的小吃，正是香港街頭美食文化的精髓。

西多士★

漢發麵家

打破傳統框架的西多士

📍 灣仔告士打道 168 號地舖
🕐 07:30~17:15
📞 23980863
💰 $50 以下

近年很多香港人北上消費，對於很多香港食肆來說，這一兩年的經營環境甚至比疫情期間更為艱難。然而，仍有一些小店可以繼續擴展，並且經營得非常成功。

漢發麵家是一間歷史悠久的[   ]店。開業初期只是街邊鐵皮[   ]店，後來轉入深水埗的舖位繼[   ]營業，最近更開了旺角和灣仔[   ]店。可見這間小店的經營之道[   ]實有獨到之處。

==========================

我之前拍過一條西多士的比拼[   ]片，所以試過很多間以西多士[   ]名的小店。就港島區而言，我[   ]得漢發麵家的西多士很合我[   ]味。大家可能會覺得西多士比[   ]油膩，但如果你試過這裏的西[多]士可能會改觀。它看起來像軟[   ]綿的蛋糕，非常有空氣感，完[全]看不出焦燶。切開它就會感受[到]那種輕柔的質地，同時又不失[   ]脆，打破了傳統西多士的感覺[。]

==========================

另外，值得一提的就是他們的[豬]膶麵，以新鮮豬膶配上薑[   ]去醃製，厚度適中，入口嫩[   ]爽口。

@Stephen_leung
傳統食物在人們的腦海中有既定的味道和形態，要勇敢嘗試去改變[   ]習以為常的飲食思考模式其實是很有難度的。我覺得這間餐廳不僅[做]了，還做得非常美味。在眾多茶餐廳之中，它能夠保留傳統的地道[   ]同時，添加了自己的風格，實在不容易。

濃姐石磨腸粉

陳皮牛肉腸粉★

石磨腸粉更柔滑更有彈性

位於佐敦的濃姐石磨腸粉，以傳統石磨製作腸粉而聞名，這種方法使腸粉的質地更加細膩、柔滑，並且保留了米香的天然風味。與一般機器製作的腸粉相比，這裏的腸粉口感更有彈性，每一口都能感受到米漿的細緻。

📍 佐敦上海街 62 號 AVA 62 地下 5 號舖
🕐 週一至六 07:30~17:00、週日 09:00~17:00
📞 54440428
💰 $50 以下

最喜歡的是**陳皮牛肉腸粉**，感覺就像一個肉餅被嫩滑的腸粉皮包裹。餡料十鮮嫩，搭配薄而透明的腸粉皮，口感豐富且層次分明。加上自製醬油和芝，整體味道更加提升。

===

了傳統腸粉，濃姐還提供多種創新口味，如牛腩腸粉、梅菜扣肉腸粉等，每款都值得一試。店家的服務也非常親切，讓人感受到濃厚的人情味。

@Stephen_leung
濃姐無論在食材選擇還是製作工藝上都達到極高水準。這裏的腸粉口感細膩，風味獨特，是品嘗傳統街頭小吃的絕佳選擇。

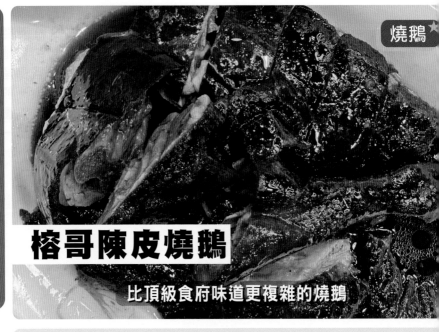

燒鵝 ★

街頭美食╱茶餐廳

榕哥陳皮燒鵝

比頂級食府味道更複雜的燒鵝

📍（尖沙咀店）金馬倫道 48 號中國保險大廈地下 B 號舖
🕐 07:00~00:00
📞 23386926
💵 $50-$100

近年香港出現越來越多專門經營燒鵝的燒味店，我稱之為燒鵝專門店，尤其在尖沙咀加連威老道和加拿分道一帶，隨處可見以燒鵝為主打的餐廳。在眾多選擇中，最合我口味的莫過於榕哥陳皮燒鵝。

榕哥自 2016 年開始經營自家品牌——榕哥陳皮燒鵝，這間店從選材到製作每一個步驟都有嚴格要求。首先，他們選用重量夠五斤半的黑棕雌鵝，肉質特別鮮美，肥瘦均勻，不僅保留了燒鵝肉質的彈性，入口也油脂豐滿但不至於肥膩，非常難得。然後再用上老陳皮等十多種上等材料醃製，使燒鵝有獨特

香味，並帶有一陣煙燻味。我曾經嘗香港多間頂級燒鵝食府的燒鵝，如鏞記和金牌燒鵝，但香味反而沒榕哥的燒鵝來得複雜。

================================

哥的**燒鵝**之所以能脫穎而出，與其繁複的工序密不可分。燒鵝的製作過程包括風乾、醃製、入爐燒製等，每步驟都講求師傅的經驗及對材料的掌握。香港一向是製作最美味燒鵝的地方之一，但近年由於鵝的品種以及來源經過改良，燒鵝的脂肪含量有所減少，這也間接影響燒鵝的味道和香味。然而，榕哥巧妙地利用陳皮，使燒鵝的味道更加香濃，推向另一個層次。

燒腩仔飯

叉燒燒鵝脾飯

@Stephen_leung

榕哥選用黑棕雌鵝，並結合老陳皮等多種上等材料的醃製方法，使燒鵝味道充滿層次感。然而，真正讓榕哥燒鵝脫穎而出的，還是那一抹煙燻味和陳皮香。這些細微但重要的元素，讓榕哥燒鵝在眾多燒鵝品牌中顯得格外獨特和難忘。

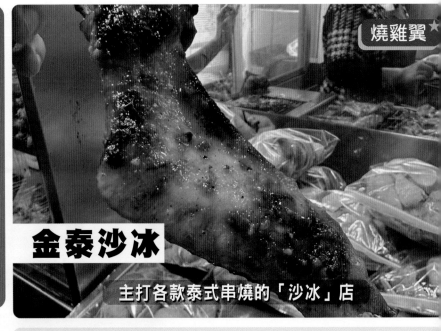

燒雞翼

街頭美食＼茶餐廳

金泰沙冰

主打各款泰式串燒的「沙冰」店

📍 九龍城衙前圍道 21 號地下 A2 號舖
🕐 12:00~23:00
💵 $50 以下
⚙️ 只收現金

自從屯馬線開通後，越來越多人去九龍城覓食。眾所周知，九龍城是個美食天堂，不僅有大量的潮州菜，還有「小泰國」的稱號。這裏曾住了很多東南亞人，所以也有不少小店售賣各種東南亞食材。

這次我要介紹一間叫做「金泰沙冰」的小店。光聽名字可能會以為是賣飲品，但其實這裏主售賣串燒，現在已成為很多人去九龍城必訪的小店。

主是泰國人，由於在香港生活了很久，所以也得基本的廣東話，點餐完全沒問題，何況店家設有圖文並茂的菜單。這家店最旺的時間是宵夜時段，因為附近的小店都已經關門，這裏可說獨市經營。有時候散步或者吃完飯，經過聞到裏飄出來的香味都會被吸引過來。

===

裏主打現場即烤串燒，款式多樣。我特別推薦款：**燒雞翼**和**豬頸肉**。**燒雞翼**有時候會有大小不一的情況，不過這裏的主理人是少有的良心老闆，如果雞翼比較小，他會退兩塊錢給你，當然要看當天的情況。燒雞翼香脆多汁，經過秘製味料醃製，味道非常有泰國特色。

===

於**豬頸肉**，更是不容錯過。豬頸肉爽脆彈牙，肉質飽滿，每次經過，即使很飽，我都忍不住要一串來解解饞。我會要求他們多烤一會兒，讓表層更加香脆。

豬頸肉

@Stephen_leung

但是，你知道這家店的殺手鐧是甚麼嗎？就是他們的沙嗲醬，用材絕對不敷衍，裏面還有花生粒，非常香口，很多人專程為這個沙嗲醬而來。另外老闆娘通常會問你要辣還是不辣，提醒大家，他們的辣醬真的很有力度，如果不太能吃辣的話就不要輕易挑戰。所以即使是在大熱天，我也不會放過這個小食。

蝦片

街頭美食／茶餐廳

蛋撻

金園茶餐廳

全港最好吃蛋撻

📍 長沙灣青山道 314 號地舖
🕕 06:30~21:00
📞 27256386
💳 $50 以下

**金園茶餐廳位於長沙灣，是一家主要服務附近街坊的家庭式茶餐廳，
然外觀其貌不揚，但其酥皮蛋撻被許多人認為是香港最好吃的。**

或許大家會有疑問，一個小小的酥皮蛋撻製作到
底有多難？在此我就簡單介紹一下製作酥皮蛋撻
的複雜工序，尤其是酥皮部分，這是整個蛋撻製
作過程中最具挑戰性的。

皮要做到層次分明、酥脆鬆化,對於麵糰的處
須非常講究。製作酥皮需要多次摺疊和冷藏麵
,每次摺疊都要保持均勻,否則酥皮的層次感
受影響。在摺疊過程中,麵糰和牛油的溫度要
制得當,太軟會導致牛油滲出,太硬則難以
疊。

===

也解釋了為甚麼並不是所有茶餐廳都能掌握這
技巧。金園茶餐廳的**蛋撻**是我在香港最喜愛的
撻之一,酥皮做得相當高質,有層次感,每一
都輕盈鬆化,充滿奶油香,但不會過於油膩。
且,最重要是酥皮相當薄,薄如紙張,輕如無
。如果以酥皮蛋撻來評價,這裏的出品的確是
港最好吃的。

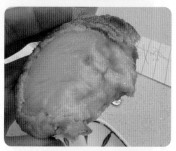

===

得不提的還有這裏的蛋漿,使用雞蛋、牛奶和
來調配,看似簡單,但要做到口感滑嫩、甜度
中並不容易。雞蛋、牛奶和糖的比例需要精確
制,稍有偏差就會影響蛋撻的口感。這裏的蛋
蛋香味十足,每一個都脹鼓鼓的,像是在吃一
燉蛋,分量充足,吃一個已有飽腹感。

熱奶茶

@Stephen_leung
大家來這裏的時候,要注意蛋撻出爐時
間,早上 8 點就有新鮮出爐蛋撻供應。

菜單價目：
$11 熱鮮奶加蛋 | $12 汽水 | $21 維他奶 | 菠蘿冰 | 紅豆冰 | 奶油多 | 油占多 | 鮮前西 | $12 $13

\# 奶茶茶味濃郁不苦澀　\# 薄身西多士輕盈不油膩

新香園（堅記）

以親民價格提供地道美食的小店

📍 深水埗桂林街 38A 號地舖
🕐 06:30~18:00
📞 23862748
💵 $50 以下

新香園位於深水埗街市後巷，是一間擁有超過 50 年歷史的小型茶餐廳。儘管位置隱蔽，卻無損在深水埗街坊心目中的地位。新香園的佈置設計和樸實風格，無疑是歷經半個多世紀依然屹立不倒的原因之一。

在眾多茶餐廳中，奶茶、蛋撻和西多士無疑是最受歡迎的經典選項。新香園的奶茶和西多士尤為出色，足以滿足挑剔食客的味蕾。新香園的**奶茶**選用斯里蘭卡茶葉，茶香濃郁，質地順滑，這種傳統港式奶茶的獨特風味令人難以忘懷。每一杯奶茶都經過精心調製，茶味濃郁而不苦澀，奶香豐富卻不膩口，這種平衡感使其成為許多老顧客的心頭好。雖然奶茶的口味偏好因人而異，但喜歡傳統地道港式奶茶的人，必定會對新香園的奶茶讚不絕口。

一個不得不提的是其**西多士**。與傳統厚切麵包
作的西多士不同，新香園選用較薄的麵包，並
其中一邊輕輕塗抹牛油，這樣使西多士在煎製
程中微微拱起，猶如一個小型菠蘿包。這種製
方法既保證外皮香脆，又因麵包較薄，使西多
吃起來比較輕盈，不會讓人感覺過於油膩。這
於既想享用西多士又擔心熱量過高的朋友來
，無疑是最佳選擇。此外，新香園配以獨特的
漿，甜而不膩，進一步提升西多士的風味。

西多士

==

香園的價格也相當親民，這與服務對象主要是
近居民有關。茶餐廳的經營理念是希望提供美
的地道美食，同時維持合理價格，使每一位顧
都能輕鬆負擔。這種親民的價格策略，不僅吸
大量忠實顧客，也使新香園成為深水埗區內一
獨特的風景線。

蛋牛治

@Stephen_leung
新香園作為歷史悠久的茶餐廳，以出色的
奶茶和創新製作的西多士，贏得眾多食客
的青睞。無論是對於懷舊情懷的追求，還
是對地道港式美食的熱愛，新香園都能夠
滿足你對一頓完美下午茶的所有期待。

炒蛋

街頭美食／茶餐廳

澳洲牛奶公司

以快速服務聞名全港的茶餐廳

📍 佐敦白加士街 47-49 號地舖
🕐 週五至三 07:30~21:30
　　休週四
📞 27301356
💰 $50 以下
⚙️ 只收現金

在眾多餐廳中，佐敦的澳洲牛奶公司無疑是一間讓人又愛又恨的地
這家茶餐廳以美味的炒蛋和奶茶，以及快速的服務而聞名。然而，
進去不到 15 分鐘便需離開的用餐節奏，讓人難以悠閒地享受一頓
或下午茶。

澳洲牛奶公司位於佐敦，是本地著名茶餐廳之一。這裏提供最地道的港式
和下午茶，無論是本地人還是遊客都對其讚不絕口。這家餐廳的明星產品
嫩滑的炒蛋和香濃的奶茶。**炒蛋**質地細膩，口感滑溜，味道鮮美，完全沒

炒蛋的粗糙感。炒蛋的秘訣在於特殊的烹調方，蛋液在高溫下快速翻炒，以保持外表嫩滑和部濕潤。這道炒蛋無論搭配厚切吐司或通粉，是不少人的必然選擇。

茶餐

===

洲牛奶公司的**奶茶**則選用上等紅茶和全脂牛，茶香濃郁，奶味豐富，口感順滑，甜度適。這種傳統港式奶茶的味道讓人回味無窮，是多老顧客每次到訪必點的飲品。

===

外，**雙皮奶**也是這裏的一大特色。雙皮奶的製過程繁複，需要兩次熬煮牛奶，讓牛奶表面形兩層奶皮，口感嫩滑，奶香濃郁。這道甜品可以作為飯後甜點，也可以單獨享用，無論炎熱的夏天還是寒冷的冬天，都是令人愉悅的擇。

雙皮奶

===

洲牛奶公司的服務速度驚人，由點餐、上菜、理桌子一氣呵成，讓顧客幾乎不需要等待便能受美味的食物。然而，快速的服務也意味着這的用餐環境相對混雜，對於喜歡慢節奏用餐的來說可能未必適應。

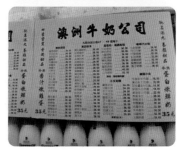

@Stephen_leung

澳洲牛奶公司以優質的食物和高效的服務，成為佐敦乃至全港的獨特飲食地標。無論是想品嘗傳統港式早餐、享受一杯香濃奶茶，還是體驗地道的雙皮奶，這裏都不會讓你失望。儘管用餐環境稍顯喧鬧，但這正是香港茶餐廳特有的風味。

街頭美食／茶餐廳

樂園

要看準時機才能吃到的特色西多士

- 📍 九龍城衙前圍道 100 號九龍城市政大廈 3 樓 6 號舖
- 🕐 週一至五 07:15~14:30、週六及假期 07:15~14:00
  休週日
- 📞 23823367
- 💰 $50 以下
- ⚙ 只收現金

不知道大家有否聽過《三國演義》中一段故事「三顧茅廬」，講述劉備為了請諸葛亮出山，連去了三次才見到他，後來諸葛亮幫助劉天下，制定了三分天下的策略。我原以為這種情節只有在歷史故事會發生，沒想到我也經歷了類似的「三顧茅廬」，不過我不是找人是找美食。

這次我來到九龍城街市熟食中心樓上的「樂園」茶餐廳，只為了品嘗一品——沙嗲牛肉西多士。

裏其實和一般茶餐廳或者熟食中心的小店區別
大，但這家茶餐廳相當受歡迎。第一次去的時
，所有西多士都已經賣完了。它從早上營業到
午兩點左右，所以必須要把握好時間。第二次
，情況依舊，西多士再次售罄。這時我意識到
家餐廳的人氣確實非同小可，加上營業時間有
，所以更下定要早點去排隊的決心。第三次，
提前到達，看到長長的隊伍，心中只能期望不
再失望。最終我終於成功地吃到他們的招牌
——**沙嗲牛肉西多士**。沒錯，一般的西多士不
在中間放餡料，但這個西多士不僅有餡料，而
是港人最愛的沙嗲牛肉。

沙嗲牛肉西多士

==

道究竟如何？其實之前我也抱有懷疑態度，是
真的那麼好吃？西多士的外觀似乎和一般西多
沒甚麼區別，也加了很多煉奶，外層看來酥
。切開之後果然有驚喜，裏面滿滿都是沙嗲牛
，真的很特別，整個西多士就像袋子一樣，藏
很多牛肉在裏面。難得的是他們的牛肉非常鮮
，加上沙嗲牛肉的濃郁，果然別有一番風味。

==

要忘記西多士外面有很多煉奶，可以説是鹹甜
合，味蕾再次被衝擊，但兩者結合起來卻非常
味。難得的是沙嗲牛肉的調味不會太鹹，使西
士的牛油香、蛋香和煉奶可以平衡地融合在一
。最後別忘記點一杯**奶茶**，一定令你這一餐畫
完美句號。

@Stephen_leung
整體來說，如果為了這個西多士而來，我
覺得是值得的，但我要給大家一個建議，
一定要作為早餐去吃，這樣就不需要來回
跑幾次了。

法式布丁麵包

街頭美食／茶餐廳

嘉多娜餅屋

憑創意和美味一躍成名的麵包店

📍 佐敦文苑街 1-23 號文英樓地下 1 號舖
🕐 06:30~20:30
📞 26828019
💰 $50 以下

近年香港湧現不少新式麵包店和咖啡店，其中部分發展得非常成功。這些新興店舖中，不少是由集團經營，甚至有些是來自國外的品牌。相較之下，街坊小店的麵包舖能脫穎而出的並不多。然而，位於佐敦的嘉多娜餅屋就是其中一個成功的例子。它本來只是一間寂寂無名的小店，主要售賣傳統麵包，走的是親民路線，價錢相當大眾化。

年前他們推出了一款法式布丁麵，這款產品的創意和美味使嘉多娜屋一躍成名。它的製作方法也頗具色：將法包製成圓形器皿，挖空內，再注入香滑蛋漿。這樣的設計使一口都能感受到濃郁蛋香，口感滑，彷彿是焦糖燉蛋和法包的完美結。這款布丁包的體積較大，分量十，無論是大人還是小朋友都非常愛。

蛋撻

=================================

的特別之處，在於這款 **法式布丁麵** 無論是剛剛焗製出來的熱騰騰狀，還是放入雪櫃冷藏後作為甜品食，都同樣美味可口。這種雙重享受它成為每日必搶的熱銷產品。每日量供應，只有 400 個，因此經常出大排長龍的景象。限量供應不僅增了產品的稀缺性，也讓更多的顧客意提前排隊購買，形成一種獨特的買熱潮。

@Stephen_leung
嘉多娜餅屋在激烈的市場競爭中，依靠這款獨特且美味的法式布丁麵包成功吸引了大量顧客，從一間平凡小店變成炙手可熱的人氣麵包店。它的成功故事證明了創新和品質是吸引顧客的不二法門。

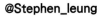

燒腩仔叉燒飯

街頭美食／茶餐廳

朗益燒味工房

極親民燒味店

📍（深水埗店）基隆街 363-365 號地舖
📞 24088867
🍴 $50 以下

說到平民小店，不得不提深水埗的朗益燒味工房。這家店最出名的莫過於它的燒味。疫情期間，我介紹過他們的 $15 雙拼燒味飯，在網絡上引起極大迴響。許多網民盛讚這是親民的街坊小店，對街坊非常關心。

燒味飯美味可口，對於許多人來說是 Comfort Food，而且價格相對便宜，可以根據個人喜好選擇不同種類的燒味，包括燒豬肉、燒鴨、燒雞和叉燒等，因此擁有不少忠實粉絲。朗益燒味工房的燒味每天都是新鮮製造，確保味道都在最佳狀態。

特別喜歡他們的**叉燒**,肥瘦均勻,肉質鮮嫩多。由於有很多長者光顧,他們特意選擇比較瘦梅頭肉來製作叉燒,既健康又不失美味。

鹽焗雞飯

==

腩仔是朗益燒味工房的招牌貨。燒腩外層鬆脆比,腩肉分三層,肥瘦相間,入口油脂豐滿,不油膩。這種完美的口感源自於他們對火候時間的精確掌控,使燒腩仔成為很多顧客的愛。

==

了燒味,朗益的**鹽焗雞**也是一絕。鹽焗雞鹹香溢,肉質鮮嫩,讓人一吃難忘。

==

果你來到朗益燒味工房,一定要試試他們的**雙燒味飯**。我推薦燒腩仔和叉燒的搭配。燒腩仔脆和叉燒的嫩相得益彰,口感豐富,絕對讓你足。

@Stephen_leung
朗益燒味工房不僅菜餚美味,服務也相當親民。店主和員工對待每一位顧客都如朋友般親切,這種濃厚的街坊情懷讓人感到溫暖和舒心。總括來說,朗益無論在菜餚的品質還是服務的熱情上,都讓人感到滿意。每一款燒味都是精心製作,每一份雙拼燒味飯都是誠意之作。

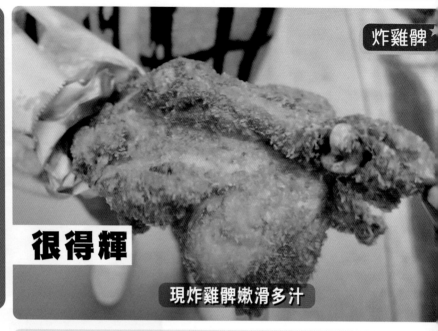

炸雞髀

街頭美食／茶餐廳

很得輝

現炸雞髀嫩滑多汁

📍（大角咀店）鐵樹街 19 號金堂閣地下 18 號舖
🕐 12:00~01:00
📞 67976248
🏷 $50 以下

香港真的是一個美食天堂，其中有兩款特別邪惡的小食不可不提，就是西多士和炸雞髀。近年香港興起了不少網上關注組，其中一個叫「炸雞髀關注組」，可見香港人對炸雞髀的熱愛。

炸雞髀是香港一款具代表性的美食。在一條炸雞髀的美食影片中，我一次過試吃了四間最受歡迎的炸雞髀店，真的吃到口腔生痱滋，做 YouTuber 也不是那麼容易。不過，說回正題，說到炸雞髀，我覺得綜合網民的熱捧和我個人口味，很德輝是香港其中一間做得最好的炸雞髀店。

作炸雞髀可以説是易學難精，油溫及時間是最
要的，不過要令炸雞髀好吃得來不太油膩，就
難度所在。首先需要準備雞髀、麵粉、雞蛋和
包糠。將雞髀洗淨並擦乾，然後撒上鹽和胡椒
味。接着將雞髀依次均勻裹上麵粉、蛋液和麵
糠。然後，在一個大鍋中加熱油至 180 度左
，小心將雞髀放進油中 10-12 分鐘，直到外
金黃酥脆且內部熟透。取出後放在廚房紙上瀝
多餘油分。如果想口味更豐富，可以在麵包糠
加入自己喜歡的香料，如辣椒粉、蒜粉或草本
料。

==

德輝的**炸雞髀**相當大塊，幾乎有我臉那麼大。
髀是現炸的，所以炸完仍然能保持雞肉的嫩滑
汁。最邪惡的部分就是它的雞皮，裹上麵包糠
起炸，令外層非常鬆脆，就像薯片一樣。

==

德輝也照顧到許多食客的口味，如果覺得炸雞
味道還不夠，可以搭配超過 10 款的調味粉。
過我覺得很德輝的炸雞髀味道已經豐富，我也
歡品嘗食材的原味。外層有輕微的調味，加上
肉的嫩滑多汁，簡直是人間美味，令人欲罷不
。當日我吃了一隻還想再吃一隻，就知這個雞
有多美味。

👤 **@Stephen_leung**
最特別的是，很德輝這間小店完全不起
眼，走過路過都不會想到這裏的炸雞髀
會如此美味，真的是「禾稈冚珍珠」，藏
在平凡中的珍寶。如果你也是炸雞髀愛好
者，下次一定要試試很德輝的炸雞髀，相
信一定不會失望。

排骨飯

街頭美食／茶餐廳

林記點心

服務街坊及司機的平價點心店

📍 大埔鄉事會街 8 號大埔墟街市及熟食中心 2 樓 CFS08-09 號舖
📞 97208932
🍽 $50 以下
⚙ 只收現金

在香港這個生活成本極高的城市裏，竟然有一間專門售賣 $10 點心的餐廳，這就是位於大埔熟食市場的林記點心。

點心店開業至今已有 40 年，一直提供價廉物美的點心給附近街坊和的士司機。林記點心的營業時間也很特別，餐廳老闆於晚上八九點就開始準備食材，新鮮的點心大約在半夜兩三點開始出爐，營業至中午兩點左右，賣完就關門。

我試過不少高級食肆，品嘗過頂級食材，但林記點心反而給我留下深刻印象。在香港，很多有濃厚人情味的街坊小店已經逐漸消失，能夠維持經營已經很困難，更不用說提供價廉物美的美食了。所以林記能夠提供最便宜 $10 的點心已經非常難得，而且款式選擇相當多，很多街坊都已幫襯多年。

最喜歡他們的**排骨飯**,十幾元一碗,不但便，分量也足夠。排骨經過調味,豆豉的味道也突出,米飯也是粒粒分明,吸收了排骨的肉汁豆豉的香氣,每一口都充滿濃郁的風味。

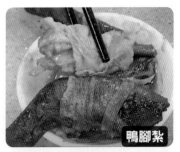

鴨腳紮

===================================

外**鴨腳紮**也相當入味,外皮柔軟且富有彈性,料經過長時間炆煮,味道滲透每一絲肉質,讓一試難忘。

===================================

燒包一大個只需 $6,兩個 $10,餡料也算充，而且不會放很多醬汁,味道不會過鹹。外皮軟,叉燒鮮嫩多汁,每一口都能感受到手工製的心意。

===================================

來我有機會與老闆聊天,他解釋說仍然堅持手製作點心,是為了附近的街坊和長者,希望他能夠享受價廉物美的美食。這番話讓我非常感，也啟發了我,食物除了味道,更加值得關注是人情味。

@Stephen_leung

林記點心的成功並非偶然,而是老闆多年的堅持和對品質的執着。每一份點心都是老闆的心血的結晶,充滿了濃厚的人情味。大家若有機會,記得早點來,因為點心很快就會賣完。

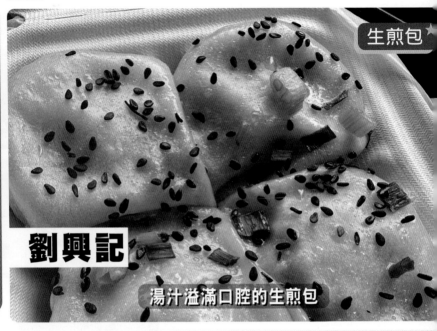

生煎包

街頭美食／茶餐廳

劉興記

湯汁溢滿口腔的生煎包

📍（荃灣店）街市街 37 號地舖
🕐 11:00~21:00
🍴 $50-$100
⚙ 只收現金

在香港，生煎包是備受歡迎的街頭小吃之一，而美味的秘訣，就在於那包裹在薄薄麵皮下的鮮美湯汁。要數城中做得出色的生煎包，劉興記絕對是其中的佼佼者。

興記的**生煎包**，最令人驚艷的莫過
其飽滿的湯汁。每個生煎包都包含
豐富湯汁，輕輕一咬，鮮美的湯汁
間溢滿口腔，令人回味無窮。如此
足的湯汁，可說是其他店家難以比
的。

了湯汁飽滿，劉興記的生煎包在其
方面也表現出色。外皮煎得金黃酥
，底部香脆厚實，上層則保持着鬆
的口感，形成豐富的層次感。一口
下去，先是感受到外皮的酥脆，接
是肉餡的鮮香，最後是熱騰騰的湯
在口中迸發，令人大呼過癮。

得一提的是，劉興記的豬肉餡料也
分講究，採用新鮮豬肉，並混合一
比例的肥肉，令肉餡更加 Juicy，入
即化。當熱騰騰的湯汁與鮮香的肉
完美融合，每一口都像是在品嘗一
精緻的迷你肉餅，令人欲罷不能。

@Stephen_leung
劉興記的生煎包，無論是湯
汁、外皮還是餡料，都體現出
店家對品質的追求，絕對是值
得一試的香港美食。

粥粉飯麵

由早餐至宵夜均見其蹤，

看似平庸卻實而不華，

細節盡顯廚師的技藝與心思。

粥粉飯麵

切腩撈粗麵 ★

王林記

以獨步調味令牛腩撈粗麵自成一格

📍 （筲箕灣店）東大街 10 號東寶大廈地下 A 號舖
🕐 06:00~20:00
📞 28860068
💵 $50 以下

港島區筲箕灣東大街被喻為小店集中地，其中一間我最喜愛的小店就是供應撈粗麵的王林記。這家店雖然不起眼，但它的美食卻叫人一試難忘。

我曾經品嘗他們的雲吞麵，質素雖然未能令我驚喜，但牛腩撈粗麵絕對值得一試。每當我到附近，必定會專程前往，點一份他們的王牌孖寶——魚蛋魚片加切牛腩撈粗麵。

到王林記的招牌菜，**切腩撈粗麵**無
是其中的亮點。牛腩以鮮嫩滑溜的
質見稱，但真正吸引我的，是他們
特的調味和醬油。無論是牛腩還是
麵，滷水和醬汁都非常濃郁。細細
味之下，可以感受到其特別的香
，這與普通的魚蛋粉、雲吞麵甚至
腩麵有顯著區別。據説，調味是店
多年來研製的獨特配方，其他地方
法模仿。切腩撈粗麵會加入大量芽
提升爽脆度及口感，結合在一起味
相當獨特，亦很有個人風格。

================================

了牛腩撈粗麵，王林記的**魚蛋粉**也
一大特色。店家堅持手打新鮮魚
，令魚蛋相對結實，口感實在而且
有香味。為了進一步提升風味，還
加入大量香葱，味道更加豐富。

魚蛋粉

自家製辣椒油

@Stephen_leung
王林記以獨特的調味、鮮嫩的
牛腩和結實的魚蛋，成功吸引
眾多食客。這家小店的每道菜
餚都充滿誠意和用心，是筲箕
灣東大街上一顆不容錯過的美
食明珠。另外愛辣的朋友千萬
不要錯過他們自家製辣椒油，
刺激度滿分。

粥粉飯麵

華姐清湯腩

尋回學生時代的熟悉味道

📍 天后電氣道 13A 號地舖

🕐 11:00~23:00

📞 28070181

💵 $50-$100

我慶幸自己喜歡做運動，平時每星期跑步兩次，週末會跟朋友打籃球，以前住港島區的時候，最喜歡到維多利亞公園打籃球，打波後肚餓就一定去附近小店吃東西，其中一間我最愛的就是華姐清湯腩。上星期我又去了一次，當然現在出名了，排隊是必須的，但他們的清湯底味道多年來基本上沒有改變。

熟悉我的朋友都知道我不會因為餐廳的名氣或者得到米芝蓮賞識就覺得它好，靠的是自己的味蕾。這間餐廳可以說是實而不華，門面看起來就像普通的粥店。最出名的是每日新鮮製作的清湯牛腩。我特別喜歡他們的湯底，不油膩但味道複雜，清澈的湯底中能感受到多種材料的香味，肯定用了香葉、八角等香料及牛骨等多樣材料。味道較淡，但剛好能襯托出他們的主角——牛腩。

次我都喜歡點**坑腩河粉**。坑腩選料上乘，炆煮
間充足，質地細密有彈性，而且非常嫩滑，牛
味十足。坑腩因為有多點油脂，所以味道更加
出。

==

更特別推薦他們的**清湯蘿蔔**，所有蘿蔔都是特
揀選，完全沒有渣，清甜無比，而且分量很
華。我特別鍾情他們的清湯，蘿蔔完全吸收湯底
華，每咬一口都像爆汁一樣。以前有個傻傻的
法，就是每次打波後我都會過來吃一碗清湯蘿
，感覺好像很解渴，而且又有少少飽肚。

坑腩河粉

湯底清甜

@Stephen_leung
這間小店的魅力在於它的簡單卻用心。沒
有花俏的裝飾，也不靠噱頭來吸引顧客，
完全是靠味道征服食客的心。每次去到，
我都會感受到那種熟悉的味道，彷彿回到
學生時代。就算現在已經出名，排隊的人
龍也無法減少我對它的熱愛。這種純粹的
美味，是任何名氣和獎項都無法取代的。

清湯蘿蔔

招牌雲吞麵 ★

沾仔記

主打三款麵食的獨特老字號麵店

📍（中環店）威靈頓街 98 號地舖
🕐 11:00~21:30
📞 28506471
💵 $50 以下

中環沾仔記是一家歷史悠久的老字號，它在雲吞麵界別中有獨特的
經營理念，整間餐廳主要提供三樣食物，分別是雲吞麵、牛肉麵和鯪
球麵。因此，他們能夠專注地製作這三個招牌菜式，確保每道菜都
最高標準。由於出名之後每日都大排長龍，僅提供三款主要食物也
高出餐效率，減少等待時間。

一走進沾仔記，便能感受到濃厚的懷舊氛圍。店內裝潢簡樸，牆上掛滿了
片和報紙剪報，記錄着這家店的歷史與故事。這些老照片見證了幾代人
遷，也訴説着沾仔記如何在時光流轉中保留着那份純粹的味道。座位雖
多，但排列得當，顧客可以舒適地享用美食。侍應態度親切，雖然忙碌，
位顧客都能得到細心招待，這種人情味讓人倍感溫馨。

沾仔記的 **招牌雲吞麵** 絕對是每位食客必點之選。湯底清澈見底，鮮味而不油膩，據説是用老雞、豬骨和海鮮慢火熬製數小時而成，能品嘗到濃郁的鮮味，令人回味無窮。雲吞皮薄餡靚，每個雲吞都包裹着大大的蝦仁，咬下去鮮甜多汁，口感彈牙。麵條則選用傳統竹昇麵，細長而有彈性，夠有咬勁，與湯底完美結合，形成獨特的美味體驗。

===

沾仔記的 **牛肉麵** 也是一大亮點。牛肉煮得軟爛入味，吸收了湯底的精華，口感鮮嫩多汁，與竹昇麵一同品嘗，令人食指大動。

===

我最喜歡的是他們獨特的 **鯪魚球麵**。這碗麵有兩大個鯪魚球，每日用新鮮鯪魚打製而成，鮮嫩有彈性。鯪魚球有半個拳頭那麼大，口感特別豐富，鮮魚味慢慢滲透到麵和湯裏。如果你像我一樣喜歡吃魚，那麼這道鯪魚球麵絕對是不可錯過的美味。

鯪魚球麵

@Stephen_leung
沾仔記的成功不僅在於美味的食物，還有他們對傳統和品質的堅持，也體現老字號對細節的注重和對顧客的用心。如果你想體驗最地道的港式雲吞麵，沾仔記絕對是不二之選。

粥粉飯麵

雲吞麵

麥奀記

香港歷史最悠久雲吞麵店之一

📍 中環永吉街 37 號地舖
🕐 週一至六 10:30~20:00、週日 10:30~19:00
📞 25416388
💴 $50-$100
⚙️ 只收現金

麥奀記可說是香港歷史最悠久的雲吞麵店之一，是著名的雲吞麵專賣店，其歷史可以追溯到上世紀。麥奀記創始人是麥石麟，早在 1920 年代，他的父親麥煥泉已在廣州經營雲吞麵店，名為「廣九麵店」。麥奀的真正發展始於 1930 年代，當時麥石麟將家族的雲吞麵技藝帶到香港，並在中環開設了第一家店。

麥石麟被譽為「雲吞麵泰斗」，其店名中的「奀」字意指小巧精緻，是他們的雲吞麵的象徵。每次來到麥奀，我至少會吃兩碗，因為分量實在太少。不過以他們的質素來説，這並不過分。

================================

麥奀的**雲吞麵**在每個環節都追求完美。傳統雲吞麵一般會將雲吞放在碗底，因為雲吞可以浸在湯中，用以托起麵條以免被湯浸泡而發脹，影響口感。

================================

雲吞麵湯底由大地魚、豬骨和蝦米長時間熬製而成，味道鮮味而不油膩。另外還會加入韭黃，使大地魚的香味得到完全釋放，所以顏色清澈但濃郁。

================================

雲吞皮薄餡靚，內餡以新鮮蝦仁和豬肉混合，口感彈牙。而主角就是他們的麵條，銀絲細麵，爽彈，有蛋香，一入口就能感覺到質地上乘。

@Stephen_leung
麥奀記是我在香港最喜歡吃的雲吞麵店。

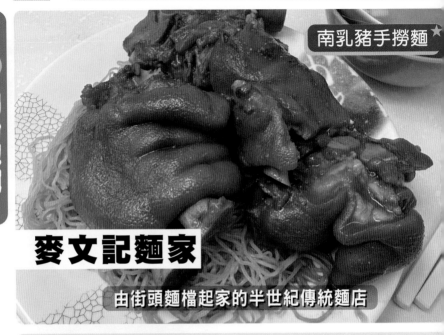

南乳豬手撈麵

粥粉飯麵

麥文記麵家

由街頭麵檔起家的半世紀傳統麵店

📍 佐敦白加士街 51 號地舖
🕐 12:00~00:30
📞 27365561
💰 $50 以下

佐敦的麥文記麵家是一家我經常光顧的雲吞麵店，主要是因為其出色的食物質量和適中的分量，令每次用餐都能滿足我的胃口。

麥文記創立於 1950 年代，至今已有超過半個世紀的歷史。起初，它只是一位於佐敦的細小街頭麵檔，憑藉其獨特的竹昇麵和精緻的雲吞迅速贏得食客喜愛。

===

麥文記的竹昇麵以傳統竹竿壓製技術製成，這種工藝需要製麵師傅用竹竿壓麵，使麵條達到彈牙和富有嚼勁的效果。雖然製作過程繁複且耗時，但麥文記一直堅持使用這種傳統方法，確保麵條的質量和口感。相傳當年麥先生為了學習這門技藝，曾遠赴廣州拜師學藝，每天清晨便開始學習製麵，經歷無數

敗，終於掌握了這門技術。他的努力和堅持，
就了今日麥文記的名聲。

==

次到訪麥文記，我必定會點兩樣食物。首先是
們的**雲吞**，這是店家招牌之一。雲吞的餡料選
新鮮的蝦仁和豬肉，並配以適量的調料，餡料
味多汁。雲吞皮薄如紙，但有足夠的韌性包裹
富的餡料，煮熟後口感滑嫩，令人一試難忘。
傳麥文記的雲吞秘方是創辦人麥先生的祖母所
授，這位老人家年輕時曾是廣州一家知名酒家
廚師，她的手藝精湛，深得食客喜愛。麥先生
這道家傳秘方帶到香港，並在此基礎上不斷改
，才有今日這般美味的雲吞。

==

次是他們的**南乳豬手**，香味獨特，味道濃郁。
特別喜歡豬手的分量，每碗豬手麵竟然有四大
豬手，真是「大件夾抵食」。豬手炆煮得相當
夠，每一塊都入口即化，嫩滑無比。據説南乳
手的配方是麥先生多年來試驗的結果，他曾經
了找到最佳的南乳比例，特意走訪多家老字
，並與多位名廚探討，最終研製出這道獨特的
食。

雲吞麵

炸醬麵

@Stephen_leung
雖然麥文記的店面較為狹小，空間稍顯擁
擠，但這正是許多香港傳統小店的特色。
店內牆上掛滿歷史照片和媒體報道，講述
着這家店的發展歷程和許多溫馨故事。今
日的麥文記麵家已成為佐敦的美食地標，
每天吸引大量食客慕名前來，無論是本地
人還是遊客，皆對這家老字號讚不絕口。

夏銘記麵家

必點做法稀有且講究的魚蛋

📍 佐敦白加士街 5 號地舖
🕐 10:30~22:30
📞 34819469
💰 $50 以下

要製作優質魚蛋，必須依賴傳統技藝和人手製作。一粒好的魚蛋，柔帶剛，充滿彈性，入口時軟滑兼備，這正是潮式粉麵老字號夏銘記的人之處。

創立於 1983 年的夏銘記，歷史不算悠久，但憑藉精湛的手打魚蛋工藝，深受區內街坊喜愛。夏銘記是全港僅餘數家仍然採用軟漿方式手打魚蛋的餐廳之一，多年來，他們以自家技巧精準控制魚漿的軟硬度，每天親手劏魚製作魚蛋和魚片，每一粒魚蛋都由人手精心製作，確保質量上乘。

進夏銘記，撲鼻而來是一股濃濃的魚香味。店內擺設簡樸但充滿懷舊氣息，牆上掛滿老顧客的感謝信和歷年的媒體報道，這些無聲的見證訴說夏銘記的傳奇歷史。廚房裏，大師傅們揮汗如雨，手法嫻熟地將魚漿反覆摔打，直到魚漿變得滑有彈性。這種手工打製的**魚蛋**，經過精心調，煮熟後每一粒都彈牙爽口，咬下去的瞬間，香四溢，讓人一試難忘。

紫菜魚蛋麵

===

了必食的魚蛋，**原條鮮炸金黃魚片**也是一大亮。整塊魚塊在新鮮炸起後，平均切成六塊，上時仍然熱氣騰騰。外皮炸得酥香脆，肉質嫩滑牙，每一片魚片都相當厚實，將魚肉的彈性發到極致。我每次都要吃上一整條，這種滿足感以言表。如果你喜歡刺激的味道，不妨試試他自製的**辣椒油**，辣度強勁，但與金黃魚片搭配，兩者相得益彰，簡直是一絕。

原條鮮炸黃金魚片

辣椒油

@Stephen_leung

每一位來到夏銘記的食客，都能感受到那份來自地道小店的溫暖和熱情。這家小店雖然看似不起眼，卻在競爭激烈的香港飲食業中闖出一片天，成為無數人心中不可替代的美食記憶。夏銘記的每一粒魚蛋，每一片魚片，都凝聚了老闆和員工的心血和汗水，這份執着和熱愛，正是夏銘記屹立不倒的原因。

粥粉飯麵

魚腩粥

新興棧食家

喜歡吃魚粥者不能錯過的小店

📍 佐敦寧波街 23 號地舖
🕐 08:00~01:00
📞 27838539
💰 $50-$100

新興棧食家是我一試成主顧的必吃名單，特別是當想吃得豐富的時候，總會想起這間小店。

小店並不起眼，名氣也不如一些老字號，但它的
魚粥令人一試難忘。新興棧每日從街市精挑細選
最新鮮的魚作為材料，並且提供一些獨特的魚部
位，例如魚嘴、魚頭、魚尾和魚肚，真的可以說
是從魚頭吃到魚尾，完全展現魚的美味。

興棧最出名的是**魚腩粥**。與旺角妹記生滾粥一
，他們是用銅鍋製作生滾粥，但新興棧的魚腩
有其獨特之處。他們的魚腩經過爆炒處理，讓
油釋放出來，一方面去腥，也能增加魚肉的香
，一舉兩得。每一口粥都充滿魚的鮮味和香
，讓人回味無窮。

手打肉丸

==

們的自家製**手打肉丸**也值得一試。肉丸質地彈
，入口即化，且經過特製調味，味道豐富而濃
，與白粥搭配，滋味無窮。

==

興棧的粥底每日新鮮製作，粥品軟糯綿密，口
極佳。無論是魚鮮還是牛豬肉，粥料都鮮滑無
，每一碗粥都是精心熬製的結果。粥與配料的
合，帶來一種無法抗拒的美味體驗。

炒麵

==

了粥品，新興棧的**薑葱炒魚腩**也是相當美味的
酒菜。選用新鮮魚腩，經過薑葱爆炒，香氣四
，口感鮮嫩。雖然粥與小炒似乎不太搭配，但
樣的組合讓人忍不住一起點來吃。

==

了這些，新興棧的**炒麵**也是不容錯過的美味。
裏的炒麵絕不油膩，炒得鬆散，味道不會太
，是讓人感到滿足的送粥佳品。

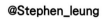

@Stephen_leung
無論想品嘗獨特的魚粥，還是享受滋味豐
富的手打肉丸，新興棧都能滿足你的味
蕾。每道菜都充滿了用心和傳統味道，讓
人一試便成主顧，成為心中的美食記憶。

粥粉飯麵

蝦籽撈麵

劉森記麵家

王牌是無論湯麵或撈麵均見其蹤的蝦籽

- 深水埗福榮街 80 號地舖
- 12:30~22:00
- 23863583
- $50 以下

雲吞麵在香港美食文化中佔有重要地位，有許多高水準的雲吞麵小店值得一試。在這裏，我要介紹一家位於深水埗的知名老字號 —— 劉森記麵家。這家店以經典的港式雲吞麵和撈麵聞名，吸引大量本地人和遊客來品嘗。

劉森記麵家之所以口碑極佳，主要源於它的麵條品質和製作工藝。店內選用傳統的**竹昇麵**，這種麵條以竹竿壓製而成，口感彈牙且富有嚼勁，煮至剛剛熟透，與湯底完美結合。麵條入口輕柔，帶有濃郁的蛋香味，完全符合正宗廣東式銀絲麵的標準。

外一個王牌，就是他們的**蝦籽**，每一碗雲吞麵
撈麵都會鋪上滿滿的蝦籽。蝦籽乃是蝦的卵子
乾燥過程後的製成品，少少的鹹香，令一碗簡
的雲吞麵立時提鮮。

===

森記的**雲吞**皮薄如紙，內餡豐富，蝦仁新鮮爽
，肉餡調味適中，口感滑嫩。湯底則用大地魚
材料熬製而成，清澈見底，鮮味十足，令人回
無窮。

===

了雲吞麵，劉森記的**撈麵**也不可錯過。撈麵的
料豐富多樣，包括叉燒、牛腩、雞絲等，每一
配料都經過精心烹製，味道鮮美。另外還有**炸
撈麵**，味道調教相當不錯，甜中帶酸，味道濃
，口感層次豐富。此外，店家的自製辣椒醬和
油也是上佳的調味品，為麵條增添更豐富的
味。

===

炸醬撈麵

森記麵家的用餐環境雖然簡樸，但這正是它的
力所在，充滿懷舊氣息，彷彿將人帶到幾十年
的香港街頭。服務方面，店員態度友善，動作
落，讓顧客能在短時間內品嘗到新鮮熱辣的美
。此外，桌上免費提供的**醃蘿蔔**爽脆鮮甜，值
一試。

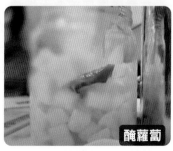

醃蘿蔔

@Stephen_leung
在深水埗區，有兩家分店的劉森記麵家以
毫不吝嗇的蝦籽、皮薄餡靚的雲吞和各款
撈麵，成為該區美食地標。下次來到深水
埗，不妨親自到訪劉森記麵家，感受這份
經典的港式滋味。

魚腩粥

粥粉飯麵

▶

妹記生滾粥品

隱藏於熟食中心的美食寶藏

📍 旺角花園街 123A 號花園街市政大廈 3 樓熟食中心 11-12 號舖
🕐 週三至一 07:15~15:15
　　休週二
📞 27890198
🏷 $50 以下

在香港這個美食大熔爐，旺角熟食中心是尋找地道美味的不二之選。這裏不僅匯聚了各式各樣的美食攤檔，也是許多初創餐飲業者的起步地。然而，在這繁忙的熟食中心裏，有一個小攤位以卓越的生滾粥聞名，那就是妹記生滾粥品，一個延續了超過半世紀的傳統美食據點。

穿梭於熟食中心的喧囂中，當走進妹記生滾粥品攤位前，首先迎接你的是那滾熱的粥氣和牛肉的香味。裝潢簡單樸實，但每碗粥的製作都充滿了匠心和傳承。

一步了解這個檔口，你會發現它的歷史可以追
到老闆的父親創業時期。多年來，粥的製作方
一直遵循傳統，每天清晨開始準備，從選米到
煮，每一步都講究精準。老闆特別強調，水和
的比例是確保粥底滑嫩的關鍵，而每種堅持讓
家小攤檔在熟食中心獨樹一幟。

==

牌**魚腩粥**不僅分量慷慨，更重要的是魚腩的處
方式極具匠心。魚腩在高溫銅鍋中迅速爆香，
後慢煮於精心熬製的粥底中，使魚腩的鮮味
全融入粥中，每一口都是鮮味與滑嫩的完美
合。

==

得一提的是，由於妹記的粥品極受歡迎，每日
應量有限，常常一大早就有街坊排隊等候。因
，如果你計劃前往品嘗，建議早些到達，以免
過這份令人回味無窮的傳統美味。

榨菜牛肉腸粉

@Stephen_leung
妹記生滾粥品是一個連接過去與現在的美
味紐帶。來到旺角，無論你是本地人還是
遊客，都應鑽探於這個熟食中心，品嘗這
裏的生滾粥，它不僅能滿足你的胃，更能
觸動你的心。

味遊香港

嚴選
101
心水食店

著者
Stephen Leung

責任編輯
蘇慧怡

裝幀設計
羅美齡

排版
楊詠雯

出版者
萬里機構出版有限公司
香港北角英皇道 499 號北角工業大廈 20 樓
電話：2564 7511　　傳真：2565 5539
電郵：info@wanlibk.com
網址：http://www.wanlibk.com
　　　http://www.facebook.com/wanlibk

發行者
香港聯合書刊物流有限公司
香港荃灣德士古道 220-248 號荃灣工業中心 16 樓
電話：2150 2100　　傳真：2407 3062
電郵：info@suplogistics.com.hk
網址：http://www.suplogistics.com.hk

承印者
美雅印刷製本有限公司
香港九龍觀塘榮業街 6 號海濱工業大廈 4 樓 A 室

出版日期
二〇二四年七月第一次印刷

規格
特 16 開（213 mm × 150 mm）